rowohlt
HUNDERT AUGEN

SYLVAIN TESSON

Der Schneeleopard

Aus dem Französischen
von Nicola Denis

ROWOHLT HUNDERT AUGEN

Die Originalausgabe erschien 2019 unter dem Titel
«La panthère des neiges» bei Éditions Gallimard, Paris.

5. Auflage Februar 2022

Deutsche Erstausgabe
Veröffentlicht im Rowohlt Verlag, Hamburg, April 2021
Copyright © 2021 by Rowohlt Verlag GmbH, Hamburg
«La panthère des neiges» Copyright © 2019 by Éditions Gallimard, Paris
Copyright © Vincent Munier, für die Fotografien auf Seite 2 und 135
Redaktion Barbara Hoffmeister
Satz aus der Questa
Gesamtherstellung CPI books GmbH, Leck, Germany
ISBN 978-3-498-00216-9

Für die Mutter eines Löwenjungen

«Die Weibchen sind insgesamt mutloser als die
Männchen, abgesehen vom Bär und vom Leoparden;
bei diesen hält man die Weibchen für mutiger.»

ARISTOTELES
HISTORIA ANIMALIUM

KUNLUN-GEBIRGE

6900

See des Dào
4800m

Barackenlager im Yak-Tal
4100m

Gipfel: 5200m
Balkon des Changthang

Dudonggan
4000m

CHANG THANG
(HOCHEBENE)

TiBET

Richtung Lhasa

Richtung Golmud

QINGHAI

MONGOLEI

CHINA

BEIJING

Golmud

Yushu

Lhasa · Chengdu

NEPAL

INDIEN

N

0 40 80 Km

Wegstrecke des
Autors im
Februar 2018
(im Auto)

uellen
Mekong
5200m

Schlucht, Mekong - Zufluss
(s. nächste Karte)

Zadoi

Yushu 3700m

der Mekong

CHENGDU

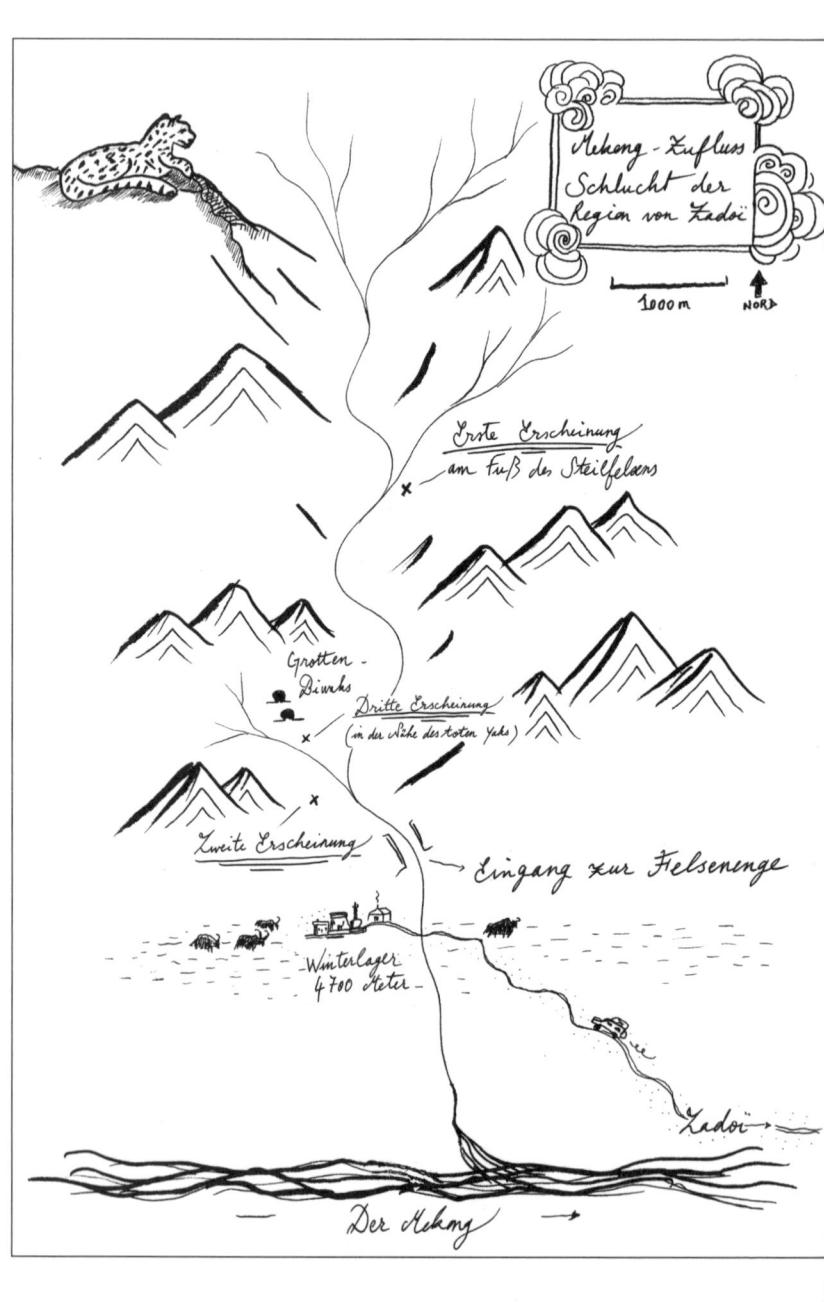

Mekong - Zufluss
Schlucht der
Region von Zadoï

1000 m

NORD

Erste Erscheinung
am Fuß des Steilfelsens

Grotten -
Biwaks

Dritte Erscheinung
(in der Nähe des toten Yaks)

Zweite Erscheinung

→ Eingang zur Felsenenge

Winterlager
4700 Meter

Zadoï

Der Mekong →

Vorwort

Wir hatten uns an einem Ostersonntag kennengelernt, bei der Vorführung seines Films über den Äthiopischen Wolf. Er sprach über die Ungreifbarkeit der Tiere und über die oberste Tugend: die Geduld. Er berichtete von seinem Leben als Tierfotograf und beschrieb, was auf der Lauer alles zu beachten sei. Eine ungewisse, subtile Kunst, bei der es sich in der Natur zu tarnen galt, um auf ein Tier zu warten, dessen Kommen mehr als ungewiss war. Die Wahrscheinlichkeit, unverrichteter Dinge zurückzukehren, war hoch. Diese Bereitschaft zur Ungewissheit erschien mir äußerst nobel – und genau deshalb antimodern.

Würde ich, ein leidenschaftlicher Läufer und Redner, mich wirklich stundenlang still verhalten können?

Zwischen Brennnesseln versteckt, gehorchte ich Munier: kein Geräusch, keine Bewegung. Atmen durfte ich – das einzige Zugeständnis. In der Stadt hatte ich es mir angewöhnt, zu allem meine Meinung zu sagen. Das

Schwierigste war es also, den Mund zu halten. Zigarren waren verboten. «Rauchen können wir später, auf einer Böschung am Ufer. Bei Nacht und Nebel!», hatte Munier gesagt. Die Aussicht, an der Mosel eine Havanna zu schmauchen, machte die Position des liegenden Spähers erträglich.

In den Hainbuchen tönten die Vögel in der Abendluft. Das Leben schäumte über. Und doch vermochten die Vögel dem Geist des Ortes nichts anzuhaben. Als Teil dieser Welt störten sie deren Ordnung nicht. Pure Schönheit. Hundert Meter entfernt der Fluss. Über ihm Geschwader fleischfressender Libellen. Am westlichen Ufer ging der Baumfalke auf Raubzug. Stolzer Flug, präzise, tödlich – wie ein Stuka.

Doch keine Zeit für Ablenkung: Aus dem Bau kamen zwei ausgewachsene Tiere.

Bis in die Abendstunden eine Mischung aus Anmut, Komik und Autorität. Gaben die beiden Dachse ein Signal? Auf einmal tauchten vier Köpfe auf, Schatten huschten aus den Gängen. Das Spielen in der Dämmerung nahm seinen Lauf. Wir hatten uns in zehn Meter Entfernung postiert, die Tiere bemerkten uns nicht. Die jungen Dachse balgten miteinander, spielten auf dem Erdwall, kullerten in den Graben, bissen einander in den Nacken und bekamen von einem Erwachsenen, der in diesem Abendzirkus für Disziplin sorgte, eine Schelle verpasst. Der schwarze mit den drei elfenbeinfarbenen Zügeln im Pelz verschwand unter dem Laub, bevor er ein Stückchen weiter wieder hervorkam. Die Tiere übten für ihre Streifzüge über die Felder und an den Ufern. Es war ihr Aufwärmtraining für die Nacht.

Manchmal näherte sich einer der Dachse und zeigte sein längliches Profil, war dann, nach einer raschen Kopfbewegung, von vorn zu sehen. Die dunklen Streifen, in denen die Augen saßen, bildeten zwei traurige Rinnsale. Als er noch weiter herankam, konnten wir die kraftvollen, nach innen gewölbten Pfoten des Sohlengängers sehen. Die Krallen hinterließen im Boden Frankreichs diese kleinen Bärenabdrücke, die ein in seinem Urteil eher ungeübter Menschenschlag als «Schädlingsspuren» einordnete.

Zum ersten Mal verhielt ich mich in Erwartung einer Begegnung derartig ruhig. Ich erkannte mich selbst nicht wieder! Bisher hatte ich mich zwischen der Republik Sacha und dem Département Seine-et-Oise bewegt und dabei drei Grundsätzen gehorcht:

Da das Unerwartete sich nie von selbst einstellt, muss man ihm nachjagen.

Die Bewegung fördert die Inspiration.

Die Langeweile rennt weniger schnell als ein eiliger Mensch.

Kurz, ich redete mir ein, dass zwischen der Distanz und der Bedeutsamkeit der Ereignisse ein Zusammenhang bestehe. Stillstand kam mir vor wie eine Generalprobe für den Tod. Aus Respekt vor meiner Mutter, die in ihrer Gruft am Seine-Ufer ruht, trieb ich mich rastlos herum – samstags in den Bergen, sonntags am Meer –, ohne darauf zu achten, was rings um mich geschah. Wie konnte es sein, dass man eines Tages, nach Tausenden von Reisekilometern, mit dem Kinn im Gras am Rand eines Grabens lag?

Neben mir fotografierte Vincent Munier die Dachse. Seine Muskeln verschmolzen unter der Tarnkleidung mit der Vegetation, sein Profil jedoch war im schwachen Licht noch zu erkennen. Ein scharfkantiges Gesicht, wie zum Befehlen bestimmt, eine Nase, die bei Asiaten für Belustigung sorgte, ein markantes Kinn und ein sanfter Blick. Ein gutmütiger Riese.

Er hatte mir von seiner Kindheit erzählt, von seinem Vater, mit dem er sich unter einer Fichte versteckte, um dem Erwachen des Königs beizuwohnen: dem Auerhuhn; der Vater lehrte den Sohn, was die Stille versprach; der Sohn entdeckte den Reiz von Nächten auf gefrorenem Boden; der Vater erklärte, dass ein plötzlich auftauchendes Tier die schönste Belohnung sei, die das Leben für die Liebe zum Leben bereithalte; der Sohn begann, sich allein auf die Lauer zu legen, entschlüsselte die geheimnisvolle Organisation der Welt, lernte, das Auffliegen eines Ziegenmelkers einzufangen; der Vater entdeckte die kunstvollen Fotografien des Sohnes. Der vierzigjährige Munier, der hier neben mir lag, war in jener Nacht in den Vogesen auf die Welt gekommen. Inzwischen war er der bedeutendste Tierfotograf seiner Zeit. Seine makellosen Bilder von Wölfen, Bären und Kranichen wurden in New York verkauft.

«Tesson, komm, wir beobachten Dachse im Wald», hatte er zu mir gesagt, und ich hatte eingewilligt, schließlich schlägt man die Einladung eines Künstlers in sein Atelier nicht aus. Er wusste nicht, dass *tesson* oder *taisson* auf Altfranzösisch Dachs (*blaireau*) bedeutet. Der Ausdruck überlebt heute noch im westfranzösischen und im picardischen Dialekt. *Tesson* geht auf eine Verballhornung des ursprünglich griechischen Wortes *táxis* zurück, von dem die Begriffe *Taxonomie* und *Taxidermie* abstammen, Letzteres die Kunst der Tierpräparation – bekanntlich häutet der Mensch gerne, was er gerade benannt hat. Auf französischen Militärkarten waren sogenannte *tessonières* eingetragen, Flurnamen, in denen die Erinnerung an Brandopfer weiterlebte. Der Dachs war auf dem Land verhasst, er wurde rücksichtslos ausgerottet. Man warf ihm vor, den Boden umzuwühlen und die Hecken zu durchbrechen. Er wurde ausgeräuchert und getötet. Verdiente er die Unerbittlichkeit der Menschen? Der Dachs war ein wortkarges Wesen, ein Tier der Nacht und der Einsamkeit. Er sehnte sich nach einem Leben im Verborgenen, herrschte über die Dunkelheit, mochte keine Besuche. Er wusste, dass der Frieden verteidigt werden wollte. Bei Einbruch der Dämmerung kam er aus seinem Bau und kehrte erst im Morgengrauen wieder zurück. Wie hätte der Mensch die Existenz eines Totems der Diskretion dulden können, das die Distanz zur Tugend und die Stille zur Ehrensache erhob? Auf zoologischen Schautafeln wurde der Dachs als «monogam und sesshaft» beschrieben. In etymologischer Hinsicht mochte ich mit ihm verbunden sein, seinem Wesen hatte ich mich nicht angepasst.

Es wurde dunkel, die Tiere schwärmten ins Dickicht aus, es raschelte. Munier musste meine Freude bemerkt haben. Für mich war dies einer der schönsten Abende meines Lebens. Ich war einer Truppe vollkommen selbstbestimmter Geschöpfe begegnet. Sie wenigstens wehrten sich nicht mit aller Kraft gegen ihre Natur. Über die Uferböschung kehrten wir auf die Straße zurück. Die Zigarren in meiner Tasche waren inzwischen zerbröselt.

«Es gibt ein Tier in Tibet, dem ich seit sechs Jahren nachstelle», sagte Munier. «Es lebt auf der Hochebene. Man muss eine lange Annäherung in Kauf nehmen, wenn man es zu sehen bekommen will. Ich fahre diesen Winter wieder hin, komm doch mit.»

«Welches meinst du?»

«Den Schneeleoparden.»

«Ich dachte, der sei ausgestorben.»

«Er tut nur so.»

ERSTER TEIL

Die Annäherung

Das Motiv

Wie bei Tiroler Skilehrern findet das Liebesleben des Schneeleoparden in weißer Landschaft statt. Im Februar wird er brünstig. Er ist in Pelz gekleidet und lebt im Kristall. Die Männchen kämpfen, die Weibchen sind willig, die Pärchen rufen einander. Munier hatte mich vorgewarnt: Wenn wir eine Chance haben wollten, ihn zu sehen, müssten wir ihn im Winter suchen, in vier- bis fünftausend Meter Höhe. Ich würde die Widrigkeiten des Winters mit den Freuden der Erscheinung kompensieren müssen. Auch Bernadette Soubirous hatte in der Grotte von Lourdes diese Technik angewandt. Die kleine Hirtin wird mit Sicherheit kalte Knie gehabt, aber für das Schauspiel einer Jungfrau im Strahlenkranz keine Mühe gescheut haben.

«Leopard», ein Name klingend wie Geschmeide. Doch nichts garantierte uns, dass wir tatsächlich einen Leoparden sehen würden. Die Lauer ist ein Wagnis: Sobald man den Tieren folgt, droht alles zu scheitern. Es gibt

Menschen, die sich damit arrangieren und gerne warten. Dafür braucht es einen philosophischen Geist, der zur Hoffnung neigt. Leider war ich anders veranlagt. Ich wollte das Tier unbedingt sehen, auch wenn ich meine Ungeduld Munier gegenüber anstandshalber verschwieg.

Schneeleoparden wurden überall gewildert. Ein Grund mehr, die Reise anzutreten. Wir würden einem schutzlosen Wesen zu Hilfe eilen.

Munier hatte mir Fotografien von seinen bisherigen Reisen gezeigt. In dem Tier vereinten sich Stärke und Anmut. Lichtreflexe elektrisierten sein Fell, seine Beine liefen zu breiten Untertassen aus, der überdimensionale Schwanz diente als Pendel. Er hatte sich angepasst, um unbewohnbare Regionen bevölkern und Steilfelsen erklimmen zu können. Der Geist der Berge, der zu Besuch auf die Erde kommt, ein uralter Bewohner, den die menschliche Tollheit in die Randgebiete abgedrängt hatte.

Ich brachte jemanden mit dem Tier in Verbindung, eine Frau, die mich nie mehr irgendwohin begleiten würde: Mädchen der Wälder, Königin der Quellen, eine Freundin der Tiere. Ich hatte sie geliebt und hatte sie verloren. In meiner kindischen, unsinnigen Vorstellung verknüpfte ich die Erinnerung an sie mit einem unerreichbaren Tier. Ein banales Symptom: Sobald uns ein Mensch fehlt, nimmt die ganze Welt seine Gestalt an. Falls ich dem Tier begegnen sollte, würde ich ihr später sagen können, dass ich sie an einem Wintertag in der weißen Ebene getroffen hatte. Das war magisches Denken. Ich hatte Angst, lächerlich zu wirken. Vorerst verlor ich zu meinen

Freunden kein Wort darüber. War in Gedanken allerdings ständig bei ihr.

Es war Anfang Februar. Um mein Gepäck zu erleichtern, beging ich den Fehler, meine gesamte Hochgebirgsrüstung anzulegen. So stieg ich in meiner Treckingjacke und meinen chinesischen Armeestiefeln der Marke «Langer Marsch» in der Pariser Banlieue in die Bahn zum Flughafen. Den Waggon besetzten schöne fulfuldische Ritter mit traurigen Gesichtern und ein Walache mit Akkordeon, der Brahms bearbeitete, doch ich zog sämtliche Blicke auf mich. Die Exotik hatte sich verschoben.

Das Flugzeug startete. Definition des Fortschritts (und der Trostlosigkeit): in zehn Stunden zurücklegen, was Marco Polo in vier Jahren durchmessen hatte. Als echter Mann von Welt stellte uns Munier einander in den Lüften vor. Ich begrüßte die beiden Freunde, mit denen ich einen Monat verbringen sollte: die gelenkige Marie, Muniers Verlobte, Tierfilmerin mit einer Leidenschaft für das Leben in der Wildnis und schnelle Sportarten, sowie Leo mit den weitsichtigen Augen, einer wirren Frisur und gedanklichem Tiefgang – ein Wortkarger also. Marie hatte einen Film über Wölfe, einen anderen über Luchse gedreht, beides Tiere auf Bewährung. Nun ein weiterer Film über ihre beiden Lieben: über die Leoparden und Vincent Munier. Zwei Jahre zuvor hatte Leo seine Doktorarbeit in Philosophie unterbrochen, um Muniers Adjutant zu werden. In Tibet brauchte Munier einen Laufburschen für die Einrichtung der Lauer, das Justieren seiner Ausrüstung und für die langen Abende. Da ich wegen meiner angeschlagenen Wirbelsäule nichts tragen durfte und weder ein kompetenter Fotograf noch ein erfahrener Spurenleser war, fragte ich mich, wie ich mich nützlich machen könnte. Mir oblag es, niemandem im Weg zu stehen und bloß nicht zu niesen, falls der Leopard sich zeigen sollte. Tibet wurde mir auf einem Plateau serviert. Zusammen mit einem großartigen Künstler, einer menschlichen Wölfin mit Lapislazuli-Augen und einem besonnenen Philosophen machte ich mich auf die Suche nach einem unsichtbaren Tier.

«Wir sind also die Viererbande», sagte ich, als das Flugzeug in China aufsetzte.

Wenigstens für die Kalauer wäre ich zuständig.

Das Zentrum

Wir waren im äußersten Osten Tibets in der Verwaltungs-
provinz Qinghai gelandet. Die Stadt Yushu mit ihren
grauen Fassaden lag auf rund 3700 Höhenmetern. Sie war
2010 von einem Erdbeben zerstört worden.

In nicht einmal zehn Jahren hatten die Chinesen mit
monströser Entschlossenheit die Trümmer aufgeschüttet
und fast alles wiederaufgebaut. Schnurgerade reihten sich
die Straßenlaternen aneinander und erleuchteten ein vollkommen ebenmäßiges Betonraster. Geräuschlos rollten
die Autos über die Schachbrettlinien. Die Kasernenstadt
nahm die hereinbrechende weltweite Dauerbaustelle vorweg.

Wir brauchten drei Tage, um Osttibet mit dem Auto zu
durchqueren. Unser Ziel war der Süden des Kunlun-Gebirges am Rande des Changthang-Plateaus. Munier kannte die wildreichen Steppen dort.

«Wir nehmen die Verbindungsstraße von Golmud
nach Lhasa», hatte er im Flugzeug zu mir gesagt, «so

erreichen wir Budongqan, ein Dorf an der Eisenbahn-strecke.»

«Und danach?»

«Danach fahren wir weiter nach Westen, an den Fuß des Kunlun-Gebirges, bis zum ‹Yak-Tal›.»

«Heißt das wirklich so?»

«Für mich ja.»

Ich machte mir Notizen in meine kleinen schwarzen Hefte. Ich musste Munier versprechen, in meinem Buch nicht die richtigen Ortsnamen zu verwenden. Diese Orte bargen ihre Geheimnisse. Wenn wir sie preisgäben, wür-den die Jäger sie plündern. Wir gewöhnten uns an, die Orte mit Namen einer poetischen, individuellen Geographie zu versehen, ausgefallen genug, um die Spuren zu ver-wischen, aber auch so bildreich, dass sie genau Auskunft geben konnten: Tal der Wölfe, See des Dào, Höhle des Mufflons. Ab jetzt sollte Tibet in mir als Karte der Erinne-rungen verzeichnet sein, weniger präzise als die Atlanten, träumerischer, um die Zuflucht der Tiere zu erhalten.

Wir fuhren nach Nordwesten, durch Provinzen mit hoch aufragenden Bergmassiven. Ein Gebirgspass nach dem anderen – von den Herden abgeschälte Buckel in 5000 Höhenmetern. Der Winter malte vereinzelte weiße Tupfer über glatte, windgepeitschte Flächen. Spärlicher Firnschnee zog sich über die Aufschlüsse.

Wahrscheinlich musterten uns Raubtieraugen von den Bergkämmen, doch im Auto betrachtet man nur das eigene Bild in der Scheibe. Ich sah keinen Wolf, und es war ausgesprochen windig.

Die Luft roch nach Metall, ihre Härte lud zu gar nichts ein. Weder zum Herumstreifen noch zur Rückkehr.

Die chinesische Regierung hatte ihren alten Plan von der Kontrolle Tibets verwirklicht. Beijing befasste sich nicht mehr mit der Verfolgung der Mönche. Es gab effizientere Mittel als den Zwang, um ein Gebiet zu kontrollieren: Entwicklungshilfe und Raumplanung. Kaum sorgt der Zentralstaat für Komfort, erlischt die Rebellion. Und wenn es einen Bauernaufstand gibt, empören sich die Behörden: «Was? Eine Erhebung? Wo wir doch Schulen bauen?» Hundert Jahre zuvor hatte Lenin diese Methode mit seiner «Elektrifizierung des ganzen Landes» erprobt. Beijing wandte die Strategie seit den 1980er Jahren an. Der Wortschwall der Revolution hatte der Logistik Platz gemacht. Das Ziel war vergleichbar: der Zugriff aus dem Reich der Mitte.

Auf funkelnagelneuen Brücken führte die Straße über Wasserläufe. Telefonantennen krönten die Gipfel.

Überall stampfte die Zentralmacht Baustellen aus dem Boden. Es gab sogar eine Bahnlinie, die das alte Tibet von Nord nach Süd durchschnitt. Die Stadt Lhasa, die bis zur Mitte des 20. Jahrhunderts für Fremde verschlossen gewesen war, lag inzwischen vierzig Zugstunden von Beijing entfernt. Auf Plakaten prangte das Konterfei des chinesischen Präsidenten Xi Jinping: «Liebe Freunde», besagten die Parolen, «ich bringe euch den Fortschritt, also haltet den Schnabel!» Jack London hatte die Dinge 1902 folgendermaßen zusammengefasst: «Der Ernährer des Menschen ist sein Meister.»

Jetzt zogen Ansiedlungen an uns vorüber, deren Betonwürfel khakifarben gewandete Chinesen beherbergten und Tibeter, die mit ihren Blaumännern bestätigten, dass die Moderne eine Herabwürdigung der Vergangenheit bedeutete.

Unterdessen zogen sich die Götter zurück und die Tiere mit ihnen. Wie hätten wir in diesem Tal der Presslufthämmer einem Luchs begegnen sollen?

Der Kreis

Wir näherten uns der Bahntrasse, ich döste in der fahlen Luft vor mich hin. Tibet zeigte uns seine nackte Haut. Vor uns erstreckte sich eine Geographie von Granithobeln und Bodenplatten. Draußen ließ die Sanatoriumssonne das Thermometer gelegentlich über −20 °C ansteigen. Da wir uns für die Kasernen nicht erwärmen konnten, übernachteten wir lieber in Klöstern statt in den Dörfern der chinesischen Pionierfront. Im Hof eines buddhistischen Tempels an der Peripherie von Yushu hatten wir vor den nach Weihrauch duftenden Altären großen Pilgeransammlungen beigewohnt. Es stapelten sich Schiefertafeln mit dem eingravierten buddhistischen Mantra «Oh, du Juwel in der Lotusblume».

Die Tibeter umkreisten sie und drehten dabei aus dem Handgelenk ihre tragbaren Gebetsmühlen. Ein kleines Mädchen schenkte mir seine Gebetskette, die ich einen Monat lang benutzen würde. Ein Yak in einem übergeworfenen Armeemantel, das einzige Lebewesen, das sich nicht vom Fleck rührte, kaute auf einem Stück Pappe. Um sich im Kreislauf der Reinkarnationen ihre Verdienste zu erwerben, warfen sich arthritische, mit Skrofeln übersäte Büßer, die Hände durch Holzbrettchen geschützt, in den Staub. Die Luft roch nach Tod und Urin. Die Gläubigen liefen im Kreis und warteten, dass dieses Leben ein Ende nahm. Gelegentlich preschte mitten in den Reigen eine Gruppe von Reitern aus der Hochebene, die aussahen wie Kurt Cobain – Pelzrock, Ray-Ban und Cowboyhut –, Ritter des großen Todeskarussells. Und wie alle glorreichen Banditen lieben die tibetischen Blut, Gold, Schmuck und Waffen. Diese hier hielten weder Gewehre noch Dolche. Schon lange vor dem neuen Jahrtausend hatte Beijing das Tragen von Waffen verboten. Die Entwaffnung der Zivilbevölkerung war für die Wildtiere ein Segen: Es wurde weniger auf die Leoparden geschossen. In psychologischer Hinsicht allerdings war die Wirkung verheerend, denn ein Musketier ohne Schwert ist ein nackter König.

«Dieses ständige Kreisen. Fast wie der Geier über dem Aas», sagte ich.

«Sonne und Tod», erwiderte Leo, «Verwesung und Leben, Blut im Schnee: Die Welt ist eine Mühle.»

Auf Reisen sollte man immer einen Philosophen bei sich haben.

Der Yak

Der große kranke Leib Tibet lag da in der dünnen Luft. Am dritten Tag überquerten wir die Bahnlinie auf über 4000 Meter Höhe. Von Norden kommend, schlugen die Schienen eine Kerbe in die Steppe, parallel zur asphaltierten Straße. Fünfzehn Jahre zuvor war ich sie auf dem Fahrrad entlanggefahren, Richtung Lhasa, als man die Baustelle an der Strecke gerade eingerichtet hatte. Seitdem waren etliche tibetische Arbeiter an Entkräftung gestorben, und die Yaks hatten gelernt, den Zügen nachzuschauen. Ich erinnere mich, welche Mühe ich damals hatte, den für ein Fahrrad viel zu weiten Horizonten meine Kilometer abzuringen. Und nie konnte die Anstrengung mit einem Nickerchen auf den Weiden belohnt werden.

Hundert Kilometer weiter nördlich durchquerten wir hinter dem Dorf Budongqan, wie von Munier versprochen, das Yak-Tal. Die nach Westen führende Straße folgte einem zugefrorenen Fluss, der von sandigen Böschungen eingefasst wurde, helle Seide.

Im Norden bildeten die Ebenen am Fuß des Kunlun-Gebirges einen Saum. Abends zeichneten sich die glühenden Gipfel vor dem Himmel ab. Tagsüber verschmolz das Eis mit ihm. Im Süden flimmerte der unerforschte Horizont des Changthang.

Die Straße führte auf 4200 Höhenmetern an einer Lehmhütte vorbei. Stille und Licht: beste Wohnlage. Wir bezogen dort für die kommenden Tage Quartier, auf schmalen Pritschen, die kurze Nächte verhießen. Die in die Wand gebrochenen Öffnungen boten einen Ausblick auf die von der Erosion abgeschliffene Kammlinie – Neurasthenie der Landschaft. Im Süden, zwei Kilometer von unserer Unterkunft entfernt, das oxidierte Granitgestein einer Kuppel in 5000 Meter Höhe: Morgen würden uns diese Kämme als Beobachtungsplattform dienen, am heutigen Abend bildeten sie ein eindrucksvolles Visavis. Im Norden wob der Fluss seine Bänder in das fünf Kilometer breite Trogtal. Er zählte zu jenen Strömen Tibets, deren Gewässer das Meer nicht erreichen sollten, weil sie im Sand des Changthang versickerten. Hier sind sogar die Elemente im Einklang mit der buddhistischen Lehre der Auslöschung.

Zehn Tage lang durchkämmten wir Morgen für Morgen die Gegend, überquerten die Abhänge in großen Sätzen (Muniers Schrittlänge). Nach dem Aufwachen stiegen wir von unserer Baracke vierhundert Meter bis zu den Granitgraten auf. Wir erreichten sie eine Stunde vor Tagesanbruch. Die Luft roch nach kaltem Stein. Es herrschten −25 °C. Die Temperatur machte alles unmöglich:

Bewegungen, Worte, Melancholie. Wir waren bestenfalls in der Lage, mit dumpfer Hoffnung den Tag zu erwarten. Im Morgengrauen hob eine gelbe Klinge die Nacht empor, und zwei Stunden später bröselte die Sonne ihre Flecken auf die mit Gras gesprenkelten Steindecken. Die Welt war gefrorene Ewigkeit. Es war, als könnten die Reliefs in einer solchen Kälte nie mehr verwittern. Plötzlich jedoch tröpfelten in die unermessliche Wüste, die nun im Licht lag, nachdem ich sie erst für ausgestorben gehalten hatte, einzelne schwarze Flecken: die Tiere.

Aus Aberglauben sprach ich nie von dem Leoparden, er würde sich zeigen, wenn die Götter – der höfliche Name für den Zufall – den Augenblick für gekommen hielten. An jenem Morgen hatte Munier andere Sorgen. Er wollte sich den Wildyaks nähern, deren Herden wir von weitem erspäht hatten. Er verehrte diese Tiere und sprach mit gedämpfter Stimme über sie.

«Man nennt sie auch *Drung*, ihretwegen komme ich immer wieder hierher.»

Er sah im Stier die Seele der Welt, ein Symbol der Fruchtbarkeit. Ich erzählte ihm, dass die alten Griechen ihm die Kehle durchtrennten, um das Blut den unterirdischen Geistern, den Rauch den Göttern und die besten Stücke den Fürsten darzubringen. Die Stiere dienten als Fürsprecher – das Opfer als Anrufung. Doch Munier interessierte sich für das Goldene Zeitalter *vor* den Priestern.

«Die Yaks stammen aus unvordenklichen Zeiten: Sie sind Totems der Wildnis, früher, im Paläolithikum, haben sie die Wände geschmückt, und sie haben sich nicht verändert, es ist, als kämen sie gerade schnaubend aus einer Höhle.»

Die Yaks sprenkelten die Berghänge mit dicken schwarzen Wollbüscheln. Munier heftete seine hellen, traurigen Augen auf sie. Wie in einem Wachtraum schien er die letzten Fürsten zu zählen, die auf dem Kamm ihre Abschiedsvorstellung gaben.

Im 20. Jahrhundert waren diese zerlumpten Vasallen mit ihren überdimensionalen Hörnern von den chinesischen Siedlern abgeschlachtet worden, an den Ausläufern des Changthang und am Fuß des Kunlun-Gebirges war nur noch ein schwacher Schatten ihrer Herden zu sehen. Seit dem wirtschaftlichen Erwachen Chinas hatten sich die Regierungsstellen der intensiven Tierhaltung verschrieben. Es galt, anderthalb Milliarden Mitbürger zu ernähren, die man im Zuge weltweit vereinheitlichter Lebensstandards unmöglich auf rotes Fleisch verzichten lassen konnte. Die Veterinärämter hatten den Wildyak mit domestizierten Arten gekreuzt und so den *Datong* gezüchtet, eine zugleich robuste und unterwürfige Spezies. Die perfekte Rasse für die globalisierte Welt: reproduzierbar, gleichartig und folgsam, für die statistische Gefräßigkeit genormt. Die Musterstücke waren geschrumpft, pflanzten sich eifrig fort, verwässerten jedoch die ursprüngliche Art. Unterdessen führten in abgelegenen Regionen ein paar Überlebende der gefährdeten Rasse ihre struppige Schwermut spazieren. Die Wildyaks waren die Verwahrer des Mythos. Hin und wieder fingen die staatlichen Züchter ein Exemplar, um die domestizierten Generationen neu zu beleben. Das Schicksal des *Drung* glich einem modernen Märchen: Urgewalt, Wucht, Geheimnis und Glorie gingen dramatisch zurück auf dieser Welt. Auch der technisch hochgerüstete westliche Städter hatte sich domestiziert. Als sein perfekter Vertreter konnte ich eine gute Beschreibung von ihm geben. In meiner warmen Wohnung, meinen Haushaltsgeräten treu ergeben und mit dem Aufladen diverser Bildschirme beschäftigt, hatte ich auf jede Lebensleidenschaft verzichtet.

Es schneite nie. Unter einem totenblauen Himmel streckte Tibet uns seine rissigen Handflächen entgegen. An jenem Morgen, es war fünf Uhr, lagen wir auf 4600 Höhenmetern hinter dem Kamm oberhalb unserer Hütte auf der Lauer.

«Die Yaks kommen bestimmt», sagte Munier, «wir sind genau auf ihrer Höhe. Jeder Pflanzenfresser grast hier die ihm zugeteilte Ebene ab.»

Das Gebirge lag reglos da, die Luft war klar, der Horizont wie leergefegt. Woher hätte plötzlich eine Herde auftauchen sollen?

Weit entfernt sonnte sich ein Fuchs, der sich scharf von dem Grat abhob. Ob er gerade von der Jagd zurückgekehrt war? Kaum wandte ich den Blick ab, war er verschwunden. Ich sah ihn nie wieder. Erste Lektion: Die Tiere tauchen ohne Vorwarnung auf und verschwinden ebenso schnell, ohne Hoffnung auf ein Wiedersehen. Man muss für ihren flüchtigen Anblick dankbar sein, ihn ehren wie eine Opfergabe. Ich erinnerte mich an meine Kindheit, an die Nächte der Anbetung in den Einrichtungen der Brüder der christlichen Schulen. Wir wurden stundenlang zwangsverpflichtet und starrten erwartungsvoll in den Kirchenchor, auf dass endlich etwas geschehen mochte. Die Priester hatten vage angedeutet, worum es ging, aber diese abstrakte Vorstellung schien uns weniger begehrenswert zu sein als ein Fußball oder ein Bonbon.

In den Gewölben meiner Kindheit und auf diesem tibetischen Berghang herrschte die gleiche Beunruhigung, diffus genug, um mir harmlos zu erscheinen, aber präsent genug, um sie ernst zu nehmen: Wann würde das Warten ein Ende haben? Es gab einen Unterschied zwischen dem Kirchenschiff und dem Gebirge. Auf Knien hofft man ohne Beweise. Das Gebet steigt zu Gott empor. Wird er antworten? Existiert er überhaupt? Auf der Lauer weiß man, worauf man wartet. Die Tiere sind bereits erschienene Götter. Ihre Existenz wird durch nichts in Frage gestellt. Wenn etwas geschieht, ist es eine Belohnung. Wenn nichts passiert, brechen wir unsere Zelte ab, fest entschlossen, uns am nächsten Tag wieder auf die Lauer zu legen. Wenn das Tier sich zeigt, ist die Freude groß. Und wir begrüßen diesen Gefährten, dessen Anwesenheit gewiss, dessen Besuch aber fraglich ist. Die Lauer ist ein demütiger Glaube.

Der Wolf

Gegen Mittag erbrachte die Sonne ihre volle Leistung. Ein Stecknadelkopf im Nichts. Am Fuß des kleinen, sichelförmig geöffneten Tals ein vergessener Würfel: unser Lager. Von unserer Position aus, fünfzig Meter unter den abgeflachten Kämmen, überschauten wir die steinigen Abhänge. Munier hatte recht gehabt, die Yaks tauchten urplötzlich auf. Sie kamen über den Pass, der das Tal im Westen begrenzte. Ihre tiefschwarzen Flecken übersäten das Geröll in fünfhundert Meter Entfernung. Sie stützten sich an den Berg, als wollten sie ihn am Umfallen hindern. Wir mussten uns lautlos zu ihnen vorarbeiten, von Felsblock zu Felsblock, von hinten und gegen den Wind.

Munier und ich hockten inzwischen oberhalb der Herde auf 4800 Höhenmetern. Auf einmal stoben die Yaks davon und erklommen einträchtig den Kamm, von dem sie gekommen waren. Hatten sie unsere zweibeinigen Umrisse, Sinnbilder für den Schrecken der Welt, bemerkt? Sie trabten über die weinroten Abhänge, gleichsam schwebende Massen, die wie Wollballen vorwärtsdrängten oder vielmehr -fegten, ohne dass unsere Augen die Bewegung der unter der Bauchmähne versteckten Beine ausmachen konnten. Auf dem Pass blieb die Herde stehen.

«Wir gehen über den Kamm weiter, irgendwann holen wir sie schon ein», sagte Munier.

Wir scheuchten ein Königshuhn auf und veranlassten eine Herde von Blauschafen – *Pseudois nayaur* –, die unbemerkt die Talsohle bevölkert hatten, langsam gen Norden zurückzuweichen. Diese Ziegen mit ihren geschwungenen Hörnern und ihrem grau melierten Fell, die Munier mit ihrem tibetischen Namen als *Bharals* bezeichnete, gebärdeten sich auf den Steilhängen wie Gemsen. Die Yaks wiederum wähnten sich so weit oben in Sicherheit. Sie rührten sich nicht mehr.

Später lagen wir etwa hundert Meter von ihnen entfernt mitten auf dem Abhang im Schotter. Ich betrachtete das Muster der Flechten auf dem Stein: gezackte Blumen wie auf den dermatologischen Schautafeln in den Medizinbüchern meiner Mutter. Als ich mich an diesen Details sattgesehen hatte, hob ich den Kopf zu den Yaks. Sie grasten und hoben ebenfalls den Kopf. Langsam zeichneten sich zwei Hörner vor dem Himmel ab. Für die Statuen aus dem Palast von Knossos fehlte nur noch die Goldbeschichtung. In der Ferne, Richtung Westen, jenseits des Passes, heulten die Wölfe.

«Sie singen», sagte Munier lieber, «es sind mindestens acht.»

Wie konnte er das wissen? Ich hörte nur ein einziges

Lamento. Munier heulte auf. Nach zehn Minuten antwortete einer der Wölfe. Und nun begann etwas, das mir als eines der schönsten Gespräche zweier nie verbrüderbarer Lebewesen in Erinnerung bleiben wird. «Warum haben wir uns getrennt?», fragte Munier. «Was willst du von mir?», erwiderte der Wolf.

Munier sang. Der Wolf antwortete. Munier schwieg, der Wolf ergriff erneut das Wort. Und plötzlich erschien einer der Wölfe oben auf dem höchsten Pass. Munier sang ein letztes Mal, und der Wolf galoppierte über den Hang in unsere Richtung. Im Kopf lauter mittelalterliche Geschichten – Fabeln über die Bestie des Gévaudan, die Artusromane –, konnte ich dem Anblick eines auf mich zustürmenden Wolfs nur wenig abgewinnen. Ein Blick zu Munier beruhigte mich sofort. Er wirkte so unbesorgt wie eine Stewardess von Air France bei Turbulenzen.

«Gleich bleibt er abrupt vor uns stehen», murmelte er, kurz bevor der Wolf in fünfzig Meter Entfernung tatsächlich innehielt.

Er machte sich aus dem Staub, überholte uns in weitem Bogen, gleichmäßig trottend, den Kopf uns zugewandt, und scheuchte dabei die Yaks auf. Derart gestört, stob die schwarze Herde wieder die Abhänge hinauf. Das Drama des Gruppenlebens: nie seine Ruhe zu haben. Dann verschwand der Wolf, wir suchten das Tal ab, die Yaks erreichten die Kämme. Es wurde Nacht, und wir sahen ihn nicht wieder. Er hatte sich verflüchtigt.

Die Schönheit

Die Tage verstrichen in der Hütte. Wir besserten unsere Unterkunft aus und stopften die Löcher gegen die Zugluft. Morgens brachen wir noch vor Sonnenaufgang auf. Die Qual, sich im Dunkeln aus dem Schlafsack zu schälen, und die Freude, sich auf den Weg zu machen, hielten sich die Waage. Im Allgemeinen genügt eine Viertelstunde der Anstrengung, um den Körper in einem kalten Zimmer anzukurbeln. Der Tag brach an und entzündete die Spitzen der Berge, bevor er die Abhänge hinabflutete und schließlich das Gletschertal öffnete, eine breite, nie mit Schnee gepolsterte Prachtstraße. Sobald eine Windböe aufkam, füllte sich die Luft mit einem schwer erträglichen Staub. Auf den Lösshängen hinterließen die Herden ihre gestrichelten Abdrücke. Die Haute Couture der Welt.

Zusammen mit Leo und Marie folgte ich Munier, der seinerseits den Tieren folgte. Manchmal verschanzten wir uns nach seinen Anweisungen hinter der Dünenlinie und warteten auf die Antilopen.

«‹Dünen›, ‹Antilopen›, ein Wortschatz wie in Afrika»,
sagte Marie.

«Dieses Land ist ein heruntergekühltes Eden.»

Die Sonne strahlte, ohne zu wärmen. Der Himmel,
eine Kristallglocke, komprimierte die frische Luft. Es war
schneidend kalt. Doch das vergaßen wir, als die Tiere auf-
tauchten. Wir sahen sie nicht kommen, plötzlich standen
sie vor uns im Staub. Eine Erscheinung.

Munier erzählte mir von seiner ersten Fotografie als
Zwölfjähriger: ein Reh in den Vogesen. «Oh Adel, oh einfa-
che und wahre Schönheit», hatte der junge Ernest Renan
in den Ruinen Athens gebetet. Für Munier war jene Begegnung sein Akropolis-Erlebnis gewesen.

«An diesem Tag hat sich mein Schicksal entschieden:
Tiere beobachten. Auf sie warten.»

Seitdem hat er mehr Zeit hinter Baumstämmen verbracht als auf der Schulbank. Sein Vater ließ ihn weit-
gehend in Ruhe. Munier hat kein Abitur, er verdiente sich
seinen Lebensunterhalt auf dem Bau, bis er mit seinen
Fotografien Erfolg hatte.

Die Wissenschaftler behandelten ihn von oben her-
ab. Munier nahm die Natur als Künstler wahr. Bei den
Rechenfanatikern und Untertanen im «Reich der Quan-
tität» zählte er nichts. Ich hatte ein paar dieser Berech-
nungskünstler kennengelernt. Sie beringten Kolibris
und schlitzten Silbermöwen auf, um Gallenproben zu
entnehmen. Sie gossen die Wirklichkeit in mathemati-
sche Gleichungen. Die Zahlen summierten sich. Poesie?
Fehlanzeige. Ein Zugewinn an Erkenntnis? Nicht unbe-

dingt. Die Wissenschaft kaschierte ihre Grenzen hinter der Anhäufung numerischer Daten. Die Verzifferung der Welt sollte das Wissen befördern. Reine Überheblichkeit.

Munier wiederum erwies allein der Pracht seine Ehre. Er huldigte der Anmut des Wolfes, der Eleganz des Kranichs, der Vollkommenheit des Bären. Seine Fotografien gehörten zur Kunst, nicht zur Mathematik.

«Deine Gegner würden wohl lieber ein Schema von der Verdauung des Tigers erstellen als einen Delacroix ihr Eigen nennen», sagte ich. Ende des 19. Jahrhunderts nahm Eugène Labiche bereits das Lächerliche der gelehrsamen Epochen vorweg: «Die Statistik, Madame, ist eine moderne und positive Wissenschaft. Sie holt die dunkelsten Fakten ans Licht. Dank aufwendiger Forschungen ist es uns unlängst gelungen, die exakte Anzahl von Witwen, die im Jahr 1860 über den Pont Neuf gegangen sind, zu ermitteln.»

«Ein Yak ist ein Fürst, es interessiert mich nicht, ob er heute Morgen schon zwölfmal geschluckt hat!», antwortete Munier.

Er wirkte immer ein bisschen schwermütig. Und nie erhob er die Stimme, um die Schneesperlinge nicht zu verschrecken.

Die Mittelmäßigkeit

Ein weiterer Morgen auf staubigen Böschungen. Der sechste. Dieser Sand war einst von den Flüssen geformtes Gebirge. Die Steine wahrten fünfundzwanzig Millionen Jahre alte Geheimnisse aus einer Zeit, da alles vom Meer bedeckt war. Die Luft erstickte jede Bewegung. Der Himmel war blau wie ein Amboss. Eine Schicht Raureif überzog den tüllartigen Sand. Eine Gazelle fraß mit fast unmerklichen Nackenstößen Schnee.

Plötzlich ein Wildesel. Das Tier blieb stehen, lauernd. Munier presste das Auge an den Sucher. Diese Gymnastik war der Jagd verwandt. Weder Munier noch ich hatte die Seele eines Mörders. Wozu ein Tier töten, das stärker war und besser angepasst als wir selbst? Der Schuss des Jägers trifft zweifach. Er tötet ein Lebewesen und gleichzeitig in sich selbst die Enttäuschung, nicht ebenso viril zu sein wie der Wolf oder so wohlgestaltet wie die Antilope. Peng! Der Schuss löst sich. «Endlich», sagt die Frau des Jägers.

41

Man muss Verständnis haben, der Arme: Schließlich ist es ungerecht, als Dickbauch unter einem straff gespannten Volk zu verkehren.

Der Esel ging nicht weiter. Hätten wir ihn vorhin nicht kommen sehen, würden wir ihn nun für eine Statue aus Sand halten. Wir überragten die Böschung des zugefrorenen Flusses in fünf Kilometer Entfernung von unserem Lager, und ich erzählte von dem Brief, den mir vor etlichen Jahren Herr von B. – Federhut und Samtjackett –, Vorsitzender der Fédération Nationale des Chasseurs, zu einem Artikel, in dem ich die Jäger scharf kritisierte, geschrieben hatte. Er stellte mich als braven Städter in Wildledermokassins mit Bommeln dar, dem jeder Sinn für die Tragödie abging, der als Gartenwanderer und Meisenliebhaber beim Klicken der Gewehrverschlüsse zusammenzuckte. Als Lackaffen eben. Ich las den Brief nach der Rückkehr von einem Aufenthalt in den Bergen Afghanistans und dachte, wie schade es doch sei, dass sich die Bezeichnung *Jäger* sowohl auf den Mann bezog, der mit dem Speer ein Mammut aufschlitzte, als auch auf den Herrn mit Doppelkinn, der zwischen einem Cognac und einem guten Stück Chaource einen fetten Fasan mit einer Ladung Blei bedachte. Für Gegensätzliches ein ähnliches Wort zu benutzen verschafft dem Leid der Welt keine Linderung.

Das Leben

Noch immer der sterile Punkt der Sonne in ihrem Eispalast. Ein merkwürdiges Gefühl, das Gesicht dem Gestirn zuzukehren, ohne dessen Streicheln zu spüren. Munier führte uns weiter über die Glacis. Wir entfernten uns nie mehr als zehn Kilometer von der Hütte. Mal gingen wir auf die Bergrücken zu, mal auf den Fluss. Dieses Hin- und Herschwingen reichte, um mit den örtlichen Bewohnern Bekanntschaft zu machen.

Die Liebe zu den Tieren hatte in Munier jede Eitelkeit aufgehoben. Er interessierte sich nicht besonders für sich selbst. Er beklagte sich nie, und folglich wagten auch wir nicht von Müdigkeit zu sprechen. Die Pflanzenfresser drehten ihre Runden und grasten die Weiden auf den Abhängen und dem Glacis ab. An der Bruchlinie des Reliefs, dort, wo die Gefälle in die Talmulde mündeten, entsprangen kleine Quellen. Eine Reihe von Wildeseln zog vorbei, auf erstaunlich standfesten Beinen führten sie ihre zerbrechliche Grazie und ihr Elfenbeinkleid spazieren. Dann

ein Pulk von Antilopen, die einen Schleier hinter sich her-
zogen.

«*Pantholops hodgsonii*», sagte Munier, der in Gegenwart der Tiere Latein sprach.

Die Sonne verwandelte den Staub in eine goldene
Schleppe, die als rotes Netz auslief. Das Fell der Tiere
flirrte in der Sonne, fast sah es so aus, als läge Dunst in der
Luft. Munier, ein Sonnenanbeter, postierte sich immer im
Gegenlicht. Eine mineralische Wüstenlandschaft, die wie
von magmatischen Bewegungen in den Himmel gehoben
erschien. Diese Schauspiele bildeten die Heraldik Ober-
asiens: eine Linie von Tieren am Fuße eines Turms auf
dem Glacis. Die abgeschliffenen Flächen versorgten uns
täglich mit Bildern: Raubvögel, Pfeifhasen (der Name der
tibetischen Präriehunde), Füchse und Wölfe. Eine Fauna
mit vorsichtigen Bewegungen, den harten Bedingungen
der Höhenlagen angepasst.

In diesem hochgelegenen Vorhof von Leben und Tod
spielte sich eine kaum wahrnehmbare, perfekt geregelte
Tragödie ab: Die Sonne ging auf, die Tiere jagten, liebten
oder verschlangen einander. Die Pflanzenfresser hielten
fünfzehn Stunden am Tag den Kopf gesenkt. Das war ihr
Fluch: langsam zu leben und geruhsam das zwar spär-
liche, aber verfügbare Gras abzuweiden. Das Leben der
Fleischfresser war aufregender. Sie jagten einem seltenen
Leckerbissen nach, der ein blutiges Fest und die Aussicht
auf ein wohliges Verdauungsschläfchen verhieß.

Sie alle starben, und die von den Aasfressern zer-
rissenen Körper tüpfelten das Plateau. Bald würden sich

die von der ultravioletten Strahlung verbrannten Skelette wieder in den biologischen Reigen eingliedern. So hatte die wunderbare Eingebung der antiken Griechen gelautet: Die Energie der Welt floss in einem geschlossenen System vom Himmel zu den Steinen, vom Gras zum Fleisch und vom Fleisch zur Erde, unter einer Sonne, die ihre Photonen zum Stickstoffkreislauf beisteuerte. Im *Bardo Thödröl*, dem Tibetischen Totenbuch, stand das Gleiche wie bei Heraklit und den Philosophen des Fließens. Alles vergeht, alles rinnt und zerrinnt, die Esel galoppieren, die Wölfe jagen ihnen nach, die Geier ziehen ihre Kreise: Ordnung, Gleichgewicht, pralle Sonne. Drückendes Schweigen. Ungefiltertes Licht, kaum Menschen. Ein Traum.

Und wir standen hier, in diesem gleißend hellen, morbiden Garten des Lebens. Munier hatte uns gewarnt, es sei das Paradies bei $-30\,°C$. Das Leben verdichtete sich: geboren werden, laufen, sterben, verwesen, in einer anderen Gestalt wiederkehren. Ich verstand, warum die Mongolen ihre Toten in der Steppe verwesen lassen wollten. Hätte meine Mutter es so verfügt, hätte ich nichts dagegen gehabt, ihren Körper in einem versteckten Winkel des Kunlun-Gebirges abzulegen. Die Aasfresser hätten sie in Stücke gerissen, bevor sie sich selbst wieder anderen Kiefern überlassen hätten und in andere Körper – Ratte, Bartgeier, Schlange – eingegangen wären. In Gedanken sah der verwaiste Sohn seine Mutter in einem Flügelschlag, einer glitzernden Schuppe, einem wogenden Fell.

Die Anwesenheit

Munier glich meine Kurzsichtigkeit aus. Sein Auge entdeckte alles, ich hingegen nichts. «Das Objekt auftauchen zu lassen ist wichtiger, als ihm eine Bedeutung zuzuschreiben», hatte Jean Baudrillard über das Kunstwerk gesagt. Wozu also über die Antilopen spekulieren? Sie tauchten auf, als fernes Flimmern erst, kamen näher, nahmen Kontur an und standen plötzlich vor uns in ihrer zerbrechlichen Anwesenheit, die sich bei der leisesten Beunruhigung verflüchtigt hätte. Wir hatten sie gesehen. Das war Kunst.

Marie und Leo, die Munier von den Vogesen bis Champsaur gefolgt waren, hatten im Erkennen des Unerkennbaren Fortschritte gemacht. Auf diesem einsamen Plateau sahen sie manchmal eine Antilope in den hellen Felsen oder einen in den Schatten flüchtenden Präriehund. Das Unsichtbare sehen: Prinzip des chinesischen Dào und Herzenswunsch des Künstlers. Ich selbst hatte fünfundzwanzig Jahre lang die Steppen durchmessen, ohne auch nur zehn Prozent von dem wahrzunehmen, was Munier erfasste. Im südlichen Tibet war ich 1997 einem Wolf begegnet, auf den Dächern der Kirche Saint-Maclou in Rouen hatte ich plötzlich einen Marder gesehen, 2007 und 2010 in der sibirischen Taiga gelegentlich einen Bären überrascht und sogar das zweifelhafte Vergnügen gehabt, 1994 in Nepal, eine Tarantel über meinen Oberschenkel laufen zu spüren. Doch all das waren zufällige Begegnungen, ohne eigenes Zutun, plötzliche Konfrontationen. Man konnte sich abmühen, die Welt zu erkunden, und das Lebendige dabei völlig übersehen.

«Ich bin viel umhergereist, bin gesehen worden und habe nichts davon gewusst»: So lautete mein neuer Psalm, den ich nach tibetischer Art vor mich hin summte. Er brachte mein Leben auf den Punkt. Künftig wüsste ich also, dass wir uns zwischen offenen Augen in unsichtbaren Gesichtern bewegten. Ich sühnte meine frühere Gleichgültigkeit mit der doppelten Übung von Geduld und Achtsamkeit. Nennen wir es Liebe.

Gerade war mir aufgegangen, dass der Garten des Menschen von Anwesenheiten bevölkert wird. Sie wollen uns nichts Böses, behalten uns aber im Auge. Keiner unserer Schritte entgeht ihrer Wachsamkeit. Die Tiere sind die Hüter der Grünanlagen, in denen der Mensch Reifentreiben spielt und sich als König gebärdet. Das war eine Entdeckung. Keine unangenehme. Ich wusste nun, dass ich nicht alleine war.

Séraphine de Senlis war eine Malerin des frühen 20. Jahrhunderts, versponnen und genialisch zugleich, mit Hang zum Kitsch und mäßigem Erfolg. Die Bäume auf ihren Bildern haben weit geöffnete Augen.

Hieronymus Bosch, ein Flame aus der Hinterwelt, nannte eine seiner Zeichnungen *Das Feld hat Augen, der Wald hat Ohren.* Er setzte mehrere einzelne Augen in das Feld und versah den Laubwald mit zwei menschlichen Ohren. Künstler wissen es: Die Wildnis beobachtet uns, ohne dass wir es merken. Sie verschwindet, sobald sie vom Blick des Menschen erfasst wird.

«Da, auf der Böschung gegenüber, ein Fuchs, nur hundert Meter weit weg!», machte Munier mich aufmerksam, als wir den zugefrorenen Fluss überquerten. Ich brauchte lange, um zu sehen, was ich im Blick hatte. Ich wusste nicht, dass mein Auge schon eingefangen hatte, was mein Kopf sich noch vorzustellen weigerte. Auf einmal ergab sich der Umriss des Tiers, als zeichnete er sich Pigment für Pigment, Detail für Detail, vor den Felsen ab.

Ich tröstete mich über meine Unfähigkeit hinweg. Es war lustvoll, sich nichtsahnend beobachtet zu wissen. Ein Fragment von Heraklit: Die Natur verbirgt sich gern. Was bedeutete dieses Rätsel? Verbarg sich die Natur, um dem Verschlungenwerden zu entgehen? Verbarg sie sich, weil wahre Kraft sich nicht bekunden muss? Nicht alles war für den Blick des Menschen geschaffen worden. Das unendlich Kleine entzieht sich unserer Vernunft, das unendlich Große unserer Gefräßigkeit, die wilden Tiere entziehen sich unserer Beobachtung. Die Tiere regierten und überwachten uns, spionierten uns aus wie der

Kardinal Richelieu sein Volk. Ich wusste sie am Leben in diesem Labyrinth. Und diese gute Nachricht war mir ein Lebenselixier!

Die Einfachheit

Eines Abends tranken wir auf der Schwelle zu unserer Hütte schwarzen Tee, als Marie auf einen Schleier deutete, der am tiefsten Punkt des Pediments hochwirbelte. Von Osten her tauchte vier Kilometer von der Hütte entfernt eine Herde aus acht Wildeseln auf und kam am Fluss entlang auf uns zu. Munier lag bereits hinter seinem Fernrohr.

«*Equus kiang*», sagte er, als ich ihn nach dem Fachnamen fragte, für uns andere der Tibetische Wildesel.

Sie blieben im Norden auf einer Süßgrasweide stehen. An diesem Tag hatten wir im Tal vor unserer Hütte so gut wie keine Lebewesen gesehen. Der Wolf hatte am Vorabend mit seinem Gesang für Panik gesorgt. Die Tiere tanzen nicht, wenn der Wolf singt. Sie verkriechen sich.

Wir verließen unsere Unterkunft und pirschten uns, hinter einer Schwemmböschung verborgen, im Gänsemarsch an die Esel an. Ein Steinadler kreiste über der Herde. Wir erreichten eine in den Abhang geschnittene

Schlucht, und geduckt arbeiteten wir uns in unserer Tarnkleidung durch das ausgetrocknete Flussbett weiter vor. Die Esel grasten hastig. Ihr hellrotes, von schwarzen Streifen gerahmtes Fell zeichnete feinste Flecken in die Landschaft: «Wie Porzellan auf einem Ziertisch», sagte Leo.

Die Kiangs, Verwandte der Pferde, hatten zwar keine unwürdige Domestizierung über sich ergehen lassen müssen, waren aber vor einem halben Jahrhundert von der chinesischen Armee zur Verpflegung der vorrückenden Truppen abgeschlachtet worden. Diese hier waren Überlebende. Wir sahen ihre gewölbten Gesichter, ihre dichten Mähnen und ihre runden Kruppen. Hinter ihnen vom Wind gezeichnete Schraffuren aus Staub. Die Tiere befanden sich hundert Meter weit weg, Munier hatte sie im Visier. Plötzlich stoben sie, wie vom Schlag getroffen, Richtung Westen davon. Unter unseren Schritten hatte sich ein Stein gelöst. Das Plateau lud sich elektrisch auf. Windböen peitschten darüber, das Licht explodierte in dem vom Galopp aufgewirbelten Staub, der wilde Ritt scheuchte Schwärme von Schneesperlingen hoch, ein aufgeschreckter Fuchs rannte und rannte. Leben, Tod, Stärke, Flucht: ein Kurzschluss in der Schönheit. Munier mit trauriger Stimme: «Es wäre mein Lebenstraum gewesen, völlig unsichtbar zu sein.»

Die meisten meiner Mitmenschen, allen voran ich selbst, wollten das Gegenteil: möglichst sichtbar sein. Denkbar schlechte Chancen, um einem Tier nahe zu kommen.

Wir kehrten in die Hütte zurück, ohne uns noch zu tarnen. Es wurde immer dunkler, und die Kälte fraß sich weniger tief in meine Knochen, weil die Nacht sie berechtigter erscheinen ließ. Ich schloss die Tür zu unserer Unterkunft. Leo stellte den Gasbrenner ein, ich dachte an die Tiere. Sie rüsteten sich für Stunden von Blut und Frost. Draußen begann die Nacht des Jägers. Schon hörte man den Schrei des Steinkauzes. Er rief zum allgemeinen Ausweiden. Jeder suchte sich seine Beute. Wölfe, Luchse und Marder gingen zum Angriff über, und das barbarische Fest würde bis zum Morgengrauen währen. Die Sonne würde der Orgie ein Ende bereiten. Dann würden die glücklichen Fleischfresser ausruhen und mit vollem Bauch im Hellen von der nächtlichen Ausbeute profitieren. Die Pflanzenfresser würden weiterziehen und ein paar in Fluchtenergie verwandelbare Grasbüschel ausrupfen. Sie waren gezwungen, mit nach unten hängendem Kopf ihr Futter abzugrasen, den Hals von der Bürde des Determinismus niedergedrückt, das Großhirn ans Stirnbein gepresst, außerstande, ihrem Opferdasein zu entrinnen.

Im Schafstall bereiteten wir die Suppe zu. Das Bullern des Gasbrenners schuf eine Illusion von Wärme. Innen herrschten $-10\,°C$. Wir listeten die Erscheinungen der Woche auf, ein weniger betrübliches, aber ebenso aufregendes Tagesgeschehen wie die türkische Invasion in Kurdistan. Schließlich waren die Razzia eines Wolfes in einer Yakherde oder die von einem Adler beaufsichtigte Flucht von acht Eseln ebenso ernstzunehmende Ereignisse wie der Besuch eines amerikanischen Präsidenten bei seinem koreanischen Amtskollegen. Ich träumte von einer Tagespresse für die Tiere. Statt «Mörderischer Anschlag während des Karnevals» stünde in den Zeitungen zum Beispiel: «Blauschafe erreichen das Kunlun-Gebirge». So hätten wir weniger Angst und mehr Poesie.

Munier schlürfte seine Suppe, unter seiner Schapka, mit den von den Strapazen eingefallenen Wangen, sah er aus wie ein weißrussischer Stahlarbeiter. Weltläufig fragte er: «Wäre zum Abschluss nicht noch etwas Süßes schön?», bevor er mit seinem Dolch eine Konservenbüchse aufschlitzte. Er hatte sein Leben der Verehrung der Tiere verschrieben. Marie schickte sich an, dieses Leben zu teilen. Wie ertrugen sie nur die Rückkehr in die Welt der Menschen, sprich: der Unordnung?

Die Ordnung

Am nächsten Morgen versteckten wir uns zu zweit hinter der den Flusslauf flankierenden Schwemmböschung an der Mündung eines kleinen Nebenflusses. Eine gut geeignete Lauer für vorbeiziehende Tiere. Dunkle Schatten liefen über die Felsen. Grablandschaft, schweigsame Sonne, gleißendes Licht: Leo und ich warteten nur noch auf die Tiere. Munier und Marie lagen im Westen, im Schutz großer dunkler Felsblöcke. Zweihundert Meter weiter rupften ein paar Gazellen Gras. Schutzlos mühten sie sich ab, waren so in ihre Arbeit vertieft, dass sie den herannahenden Wolf nicht bemerkten. Es würde eine Jagd geben und eine Blutlache im hellen Staub.

Was war nur passiert? Weshalb dieses grausame Jagen, das fortwährende Leid? Das Leben erschien mir als eine Abfolge von Angriffen und die vermeintlich beständige Landschaft als eine Kulisse für das Morden auf sämtlichen Stufen des Lebens, vom Pantoffeltierchen bis zum Steinadler. Eine der morbidesten Philosophien der Befreiung vom Leid, der Buddhismus, hatte es im 10. Jahrhundert auf die tibetische Hochebene geschafft. Tibet war der ideale Ort, um sich solchen Fragen zu stellen. Munier lag auf der Lauer und konnte acht Stunden lang auf seinem Posten ausharren. Entsprechend viel Zeit blieb für die Metaphysik.

Eine Frage vorweg: Warum sah ich in einer Landschaft stets die Kulissen des Grauens? Sogar auf der Belle-Île vor dem sonnenmilden Meer, zwischen den Urlaubern, die vor Einbruch der Dunkelheit unbedingt ihren Givry trinken wollten, malte ich mir den Krieg unter der Oberfläche aus: Krabben, die ihre Beute zerfetzten, Neunaugen, die sich an ihren Opfern festsaugten, Fische auf der Suche nach einem Schwächeren, Stacheln und Dornen, oder Fangzähne beim Zerreißen von Fleisch. Warum soll man eine Landschaft nicht genießen, ohne sich das Verbrechen vorzustellen?

In unvordenklichen Zeiten, vor dem Urknall, existierte eine wunderbare, monomorphe Kraft. Ihre Herrschaft pulsierte. Ringsherum das Nichts. Die Menschen überboten einander an Einfällen, um dieser Energie einen Namen zu geben. Für die einen war es Gott, der uns *im Werden* in der Hand hielt. Vorsichtigere Geister sprachen vom «Sein». Für andere wiederum war es das Vibrieren des uranfänglichen Om, eine ruhende Energiematerie, ein mathematischer Punkt, eine undifferenzierte Kraft. Blonde Seefahrer auf marmornen Inseln, die Griechen, nannten jenes Pulsieren «Chaos». Bei einem sonnenverbrannten Nomadenstamm, den Hebräern, hieß es «Wort», was die Griechen mit «Atem» übersetzten. Jeder fand eine Bezeichnung für die Einheit. Und jeder schärfte die Klingen, um seinen Widersacher auszuschalten. All diese Vorschläge bedeuteten das Gleiche: In der Raumzeit schwebte eine ursprüngliche Einmaligkeit, die durch einen Knall freigesetzt wurde. Und so dehnte sich das Unausgedehnte aus, das Unaussprechliche wurde bezifferbar, das Unbewegliche gelenkig, das Undifferenzierte bekam vielerlei Gesichter, das Dunkle erhellte sich. Es war der Bruch. Das Ende der Singularität!

In der Ursuppe planschten die biochemischen Daten. Das Leben schwärmte aus zur Eroberung der Welt. Damit wurde es kompliziert. Die Lebewesen verzweigten, spezialisierten und entfernten sich voneinander, wobei sie das eigene Fortbestehen durch das Verschlingen der anderen sicherten. Die Evolution ersann raffinierte Formen des Raubverhaltens, der Reproduktion und der Fortbewegung. Verfolgen, in die Falle locken, töten, sich vermehren, so das allgemeine Muster. Der Krieg war eröffnet, die Welt sein Wirkungsfeld. Die Sonne hatte schon Feuer gefangen. Sie befruchtete das Morden mit ihren Photonen und starb, indem sie sich hingab. Das Leben war der Name für das Massaker und gleichzeitig für das Requiem der Sonne. Wenn tatsächlich ein Gott diesen Karneval zu verantworten hatte, hätte es ein Höchstes Gericht gebraucht, um ihn rechtlich zu belangen. Die Geschöpfe mit einem Nervensystem ausgestattet zu haben stand in der Rangfolge der Perversion ganz oben. Damit wurde das Leid zum Prinzip erhoben. Gab es tatsächlich einen Gott, musste er «Schmerz» heißen.

Unlängst erschien der Mensch auf der Bildfläche, ein Pilz mit unzähligen Verbreitungsherden. Sein Großhirn wartete mit einer neuen Veranlagung auf: der Fähigkeit, etwas anderes als sich selbst zu zerstören und diese Fähigkeit gleichzeitig zu beklagen. Zum Leid gesellte sich die Hellsichtigkeit. Das perfekte Grauen.

So war jedes Lebewesen ein Splitter des ursprünglichen Glasfensters. An jenem Morgen in Zentraltibet wirkten die kämpfenden Antilopen, Bartgeier und Grillen auf mich wie Facetten der an der Decke der Ausdehnung angebrachten Discokugel. Die von meinen Freunden fotografierten Tiere waren die diffraktierte Verkörperung der Trennung. Welcher Wille lag der Erfindung dieser ungeheuerlich raffinierten, in Millionen von Jahren zunehmend einfallsreicheren und distanzierteren Formen zugrunde? Die Spirale, der Kiefer, die Feder und die Schuppe, der Saugnapf und der Greifdaumen waren die Schätze aus dem Kuriositätenkabinett jener genialen, deregulierten Kraft, die über die Einheit triumphiert und die Effloreszenz arrangiert hatte.

Der Wolf näherte sich den Gazellen. Sie hoben alle gleichzeitig den Kopf. Eine halbe Stunde verstrich. Niemand rührte sich mehr. Weder die Sonne noch die Tiere, noch wir selbst, versteinert hinter unseren Ferngläsern. Die Zeit verging. Nur vereinzelte Schattenfetzen glitten langsam auf die Berge zu: Wolken.

Jetzt herrschten die Lebewesen – Güter des früher

«Einmaligen». Die Evolution nahm ihren Lauf. Viele von uns träumten sich in jene Urzeiten zurück, als alles noch in den Vibrationen der Anfänge ruhte.

Wie ließ sich die wehmütige Erinnerung an das große Beginnen lindern? Man konnte noch immer zu Gott beten. Eine angenehme Beschäftigung, weniger anstrengend als die Jagd auf den Schwertfisch. Man wandte sich an ein einheitstiftendes Attribut mutmaßlich aus der Zeit vor dem Bruch, kniete in einer Kapelle nieder und murmelte Psalmen vor sich hin: Mein Gott, warum hast du dich nicht mit dir selbst begnügt, warum musstest du diese biologischen Experimente wagen? Doch das Beten war zum Scheitern verurteilt, weil die Quelle sich hinter ihren vielen Verästelungen verbarg und wir zu spät gekommen waren. Novalis hat es feinsinniger formuliert: «Wir suchen überall das Unbedingte und finden immer nur Dinge.»

Denkbar war auch, dass in uns ein Rest der ursprünglichen Energie pulsierte. Gewissermaßen ein leiser Nachklang des einstigen Vibratos. Der Tod würde uns wieder dem Ursprungsgedicht einverleiben. Ernst Jünger, ein kleines Fossil aus dem Präkambrium in der Handfläche haltend, sinnierte über die Entstehung des Lebens (sprich: des Unglücks) und träumte von den Ursprüngen: «Einmal werden wir wissen, daß wir voneinander gewußt haben.»

Schließlich die Technik von Munier: überall die Nachklänge der Anfangspartitur aufspüren, die Wölfe grüßen, die Kraniche fotografieren, mit der Kamera die Scherben der von der Evolution zersprengten Ursprungsmaterie einsammeln. Jedes Tier ein Funkeln der verlorenen Quelle. Für einen Augenblick legte sich unsere Traurigkeit, nicht mehr im Schlaf der Medusengöttin zu erzittern.

Die Lauer war ein Gebet. In der Betrachtung der Tiere glichen wir den Mystikern: Wir verneigten uns vor der Urerinnerung. Auch das vermochte die Kunst: die Trümmer des Unbedingten wieder zusammenzusetzen. Die Gemälde in den Museen waren lauter Steinchen desselben Mosaiks.

Ich teilte diese Überlegungen mit Leo, der einen Temperaturanstieg nutzte, um einzuschlafen. Es herrschten −15 °C, und der Wolf machte sich wieder auf den Weg, ohne die Gazellen anzugreifen.

ZWEITER TEIL

Der Vorplatz

Die Entwicklung der Lebensräume

Am zehnten Tag brachen wir frühmorgens auf und fuhren mit unseren Jeeps Richtung Westen. Die Sonne bleichte die Erde. «Herz der leuchtenden Finsternis» hätte ein Anhänger des Dào gesagt. Unser Ziel war der See Yaniugol am Fuße des Kunlun-Gebirges, hundert Kilometer von unserer Unterkunft entfernt. Munier hatte gesagt: «Lasst uns zum Talschluss gehen, da gibt es bestimmt ein paar Yaks.» Das war ein guter Tagesbefehl.

Wir brauchten einen Tag für hundert Kilometer auf den unbefestigten Straßen. Von Millionen Wintern abgeschliffen, quollen die schwarzen Abhänge der Reliefs aus dem Himmel. Das breite Tal öffnete sich im Schutz einer Ebene am Nordrand. Hin und wieder zog ein Sechstausender die Aufmerksamkeit auf sich. Wen kümmerte das? Die Tiere erklommen ihn nicht. Bergsteiger gab es in dieser Gegend keine. Die Götter hatten sich zurückgezogen. Kleine Schluchten gruben sich in die Berghänge, als weigerte sich das Wasser, herabzufließen, zu versiegen. Es herrschten −20 °C, ein paar Fluchtlinien brachten Leben in die Wüste: Esel preschten durch den Staub, Gazellen stellten neue Geschwindigkeitsrekorde auf. Nimmermüde Tiere. Über den Nagetierhöhlen schwebten Raubvögel. Steinadler, Würgfalken, Blauschafe kreuzten einander: ein mittelalterliches Bestiarium in eisigen Gärten. In der Nähe der Straße streunte ein rastlos wirkender Wolf über eine Schwemmböschung. Demütigend waren sie, diese Tiere, die sich auf 5000 Höhenmetern tummelten. Meine Lunge brannte.

Die Landschaft entfaltete ihre Schichten wie auf den tibetischen Stoffbespannungen an den Wänden der Klöster. Ihre Pracht gliederte sich in drei Ebenen: am Himmel das ewige Eis; auf den Abhängen Felsen, an denen sich Nebelschwaden verfingen; im Tal schließlich dem Rausch der Geschwindigkeit ergebene Wesen. Nach zehn Tagen gehörte die Begegnung mit jenen Tieren zu unserem Alltag. Ich nahm es mir übel, mich an ihre Erscheinungen zu gewöhnen. Ich stellte mir vor, wie Karen Blixen jeden Morgen am Fuße der Ngong-Berge frühstückte, einfach so, vor dem farbigen Schauspiel der Flamingos. Ich fragte mich, ob sie sich an dieser Pracht je sattgesehen hatte. Sie hatte *Jenseits von Afrika* geschrieben, das schönste Buch überhaupt im irdischen Paradies. Der Beweis dafür, dass man vom Unbeschreiblichen nie genug bekommen kann.

Wir näherten uns dem Changthang, dem Vorspiel zu meinem eigentlichen Rendezvous. Jahrelang hatte ich diesen Bergfried umkreist. Zu Fuß, mit dem Lastwagen, auf dem Fahrrad, fünfundzwanzig, ja dreißig Jahre lang war ich über die Vorplätze gestreift, ohne je einzutreten oder wenigstens einen Blick über die Festungsmauern zu werfen. Dieses sumpfige Hochplateau auf durchschnittlich 5000 Meter Höhe im Herzen Tibets war etwa so groß wie Frankreich und verband das Kunlun-Gebirge im Norden mit der Himalaya-Kette im Süden. Die Region entging der sogenannten *Raumordnungspolitik*, wie die Verwüstung der Lebensräume durch die Technostruktur so schön heißt. Niemand bevölkerte dieses Gebiet, das ausschließlich von Nomaden durchquert wurde. Keine Stadt, keine Straße. Die einzige menschliche Anwesenheit: in den Windböen flatternde Zeltplanen. Die Geographen hatten diese Höhenwüste vage kartographiert und in die Karten des 21. Jahrhunderts die flüchtigen Wege von Entdeckern des 19. Jahrhunderts übertragen. Man hätte jeden, der lautstark über «das Ende des Abenteuers» jammerte, auf die Existenz der Hochebene verweisen sollen. Diese toten Seelen klagten: «Wir sind zu spät geboren, in eine Welt ohne Geheimnisse.» Doch es gab sie immer noch, jene Schattenzonen, man musste nur nach ihnen suchen. Musste nur die richtigen Türen zu den richtigen Hintertreppen aufstoßen. Der Changthang hatte einen Ausweg zu bieten. Aber um welchen Preis!

George B. Schaller, ein amerikanischer Naturforscher von internationalem Ruf und dem Aussehen eines US-Marines, hatte in den 1980er Jahren die Region erkundet und Bären, Antilopen und Leoparden studiert. Damals informierte er die Behörden über das Treiben von Wilderern. Fallensteller und Jäger bluteten die Hochebene aus. Die Regierung wusste von den Massakern. Niemand hörte auf den Amerikaner. Erst 1993 wurde die Region zum Naturschutzgebiet erklärt, in den 2000er Jahren schließlich auch die Jagd verboten. Schallers Buch war unsere Bibel, die immer vor der Heckscheibe im Auto lag. Es heißt *Wildlife of the Tibetan Steppe*, was nach den Angaben von Leo, dem Belesensten von uns, so viel bedeutet wie «Wildlebende Tiere im tibetischen Hochland». Munier war Schaller vor etlichen Jahren persönlich begegnet. Der Meister hatte bei dieser Gelegenheit ein Kompliment zu seinen Fotos von Polarwölfen verlauten lassen. Und unser Freund fühlte sich, als hätte der König persönlich ihm den Ritterschlag erteilt.

Für unsere Reise hatten wir Schaller in zweifacher Hinsicht zum Mentor erkoren. Er hatte nicht nur die ersten Geheimnisse des Changthang gelüftet, sondern in den 1970er Jahren zusammen mit dem Schriftsteller Peter Matthiessen auch zu Fuß die nepalesische Dolpo-Region erkundet. Die beiden Amerikaner wollten Blauschafe und den Schneeleoparden beobachten. Im Unterschied zu Matthiessen, der die Reise in einem kryptischen Buch verarbeitet hatte – *Der Schneeleopard*, in dem es zu gleichen Teilen um den tantrischen Buddhismus und um die Evolution der Arten geht –, hatte Schaller ihn tatsächlich gesehen. Matthiessen war im Wesentlichen mit sich selbst beschäftigt geblieben. In Muniers Gesellschaft begann ich zu verstehen, dass die Betrachtung der Tiere uns ein umgekehrtes Spiegelbild zurückwirft. Die Tiere verkörpern Wollust, Freiheit und Unabhängigkeit: all das, worauf wir verzichtet haben.

Fünfzig Kilometer vom See entfernt erstrahlte der Himmel in einer neuen Helligkeit: die Spiegelung der Wasserfläche. Eine Herde lief Richtung Süden. Ich öffnete die Schaller-Bibel und erkannte die Antilopen wieder. Die Legende gab Auskunft über den tibetischen Namen, *Tschiru*.

«Halt!», rief Munier, der auf Schallers Wissen nicht angewiesen war.

Wir ließen die Autos mitten auf der Straße zurück. Das Fell der Antilopen malte fröhliche Flecken in die Dürre. Ihr weiß-graues Haarkleid, weicher als Kaschmir, war ihnen zum Verhängnis geworden. Die Wilderer verkauften die Felle an die Textilindustrie – ein weltweites Geschäft. Trotz der offiziellen Schutzprogramme waren die Tschirus vom Aussterben bedroht. Das Licht rahmte ihre Hälse, und mir spukte der Gedanke durch den Kopf, dass zu den Spuren des Menschen auf Erden seine Fähigkeit zum gründlichen Aufräumen zählen würde. Der Mensch hatte die philosophische Frage nach der Definition seines Wesens gelöst: Er war eine Reinigungskraft.

Und so, sagte ich mir – die Okularmuscheln an die Augenhöhlen gedrückt –, endet das Fell dieser Lebewesen, die einvernehmlich neben- oder miteinander um die Wette laufen, über den Schultern von Menschen, deren körperliche Fähigkeiten demgegenüber weit abfallen. Oder anders gesagt: Lucette, außerstande, auch nur hundert

Meter weit zu laufen, wird sich niemals dafür schämen, einen Shahtoosh-Schal zu tragen.

Ich lag im Straßengraben vor einer nach Norden gelegenen weißen Schotterebene. Marie filmte zwei Männchen beim Fechten. Ihre Hörner stießen aneinander: das Klirren von Porzellan gegen eine lackierte Holztasse. Die Tschirus trugen leicht gebogene Spieße. Sie konnten einen Bauch aufschlitzen, aber keinen Schädel zerschmettern. Die beiden Musketiere entwirrten ihre Florette. Der Sieger rannte zu einer Herde von Weibchen, seiner Belohnung. Marie verstaute ihre Kamera: «Sie streiten sich um die Mädchen – immer die gleiche Geschichte.»

Das Einmalige und das Vielfältige

Der See Yaniugol, eine Hochburg des chinesischen Dào, schwebte auf 4800 Metern mitten in der Steppe. Eine jadefarbene Hostie im Sand. Wir erblickten den See im Dämmerlicht, in der Senkung der Ebene: im Norden flankiert von den über 6000 Meter hohen Eckzähnen des Kunlun, im Süden vom Fallgatter des Changthang gesichert. Dahinter das gut verborgene Plateau.

Für uns hieß dieses Gewässer der «See des Dào». Im Sommer versammelten sich hier zahlreiche Pilger. Sie huldigten der Vorstellung einer ursprünglichen Einheit. Manche sahen sich als Anhänger des Nichthandelns. Das Dào integrierte die kostbare chinesische Intuition in eine vom buddhistischen Glauben geprägte Region. Das *Dào* lehrte das Nichtstun, der Buddhismus das Nichtwollen. Was also hatten Westler wie wir hier zu suchen?

Das seit dem 6. Jahrhundert v. Chr. verbreitete *Dào* eroberte die tibetische Hochebene. Wer hatte es hergebracht? Lǎozǐ höchstpersönlich? Die Tradition zeigte den

Erhabenen, wie er nach der Niederschrift des *Dàodéjïng* auf einem Büffel aus der Welt schwand. Ich sah sein Gespenst noch im Licht des 21. Jahrhunderts vor mir.

Am westlichen Seeufer hatte die chinesische Regierung Baustellenbaracken für die anreisenden Jünger aufgestellt. Es war keine Menschenseele zu sehen, die Blechverkleidungen klapperten im Wind. Ein paar rote Fahnen flatterten, über den Himmel glitt ein Raubvogel. Die Luft war leer, das Leben verhalten. Das Licht wurde schwächer. Das Wasser zwischen den Schatten blieb milchig.

Wir rollten unsere Schlafsäcke in den Hütten aus, die wegen der Metallwände merklich abkühlten. Abends um sieben traktierten wir die undichte Tür mit unseren Stiefeln, um sie zu schließen. Durch die Dämmerung liefen noch immer Gazellen und hoppelten Pfeifhasen, Geier schwebten in der Luft.

Kann deine Seele die Einheit umfassen?, wollte das *Dàodéjïng* im zehnten Kapitel wissen. Diese Frage war ein ausgezeichnetes Schlafmittel. Sie war bei mir zur fixen Idee geworden, seitdem wir regelmäßig den Tieren begegneten. Die Erinnerung überstrahlte die Welt mit einer ursprünglichen, in unzählige sadistische Formen zersprengten Kraft. Die Quelle hatte sich geteilt. Es war etwas geschehen. Wir würden nie erfahren, was. War das *Dào* der Name für den Anfang oder der Name für die Vielfalt? Ich schlug das erste Kapitel auf:

Ohne Namen ist der Ursprung der Welt.
Der Name ist die Mutter alles Seienden.

Der Ursprung und das Seiende. Das Unbedingte und die Dinge.

Die Mystiker suchten nach der Mutter. Die Zoologen interessierten sich für die Nachkommen.

Morgen werden wir so tun, als wären auch wir Zoologen.

Instinkt und Vernunft

Im Süden lag ein namenloser Gipfel. Er war uns gleich bei unserer Ankunft am See aufgefallen: eine Pyramide, die am Rande des Chanthang das Bergmassiv überragte. Am Tag nachdem wir unsere Unterkunft am See bezogen hatten, liefen wir dicht hintereinander über das Glacis auf die Erhebung zu. Wir glaubten, den Gipfel in zwei Tagen erreichen zu können. Der Karte zufolge lag er bei 5200 Metern. Der Blick dort oben musste den ganzen Horizont umspannen, «das wird unsere Loge», hatte Leo gesagt. Mehr wünschten wir uns nicht: einen Balkon über der Ebene. Wir spielten eine dàoistische Komödie nach, wollten in den Himmel steigen, um die Leere zu betrachten. Zuerst mussten wir einen zugefrorenen Fluss überqueren, unsere Stiefel rammten Sprünge ins Porzellan. Am anderen Ufer galt es, die Geröllhalden zu erklimmen.

Munier, Marie und Leo waren bepackt wie Sherpas. Mit Proviant, Biwakausrüstung und Fotomaterial belief sich das Gewicht ihrer Rucksäcke auf fünfunddreißig Kilo.

Munier hatte sich gleich vierzig Kilo aufgehalst. Außerdem weigerte er sich, sein kulturelles Gepäck, Schallers dicken Wälzer, zurückzulassen. Es war mir unangenehm, mich nicht an der gemeinsamen Anstrengung zu beteiligen. Ich kompensierte mein Schamgefühl, indem ich mir Aufzeichnungen machte, die ich meinen Begleitern in den Marschpausen vorlas. Die Tinte gefror, hastig brachte ich die Sätze zu Papier: «Die Abhänge geriefelt von schwarzen Maserungen, Rinnsale aus dem Tintenfass Gottes, der nach der Niederschrift der Welt seine Feder ablegt.» Ich schwöre, dass solche Bilder nicht überzogen waren: Die detritischen, 5000 Meter hohen Kegel sahen aus wie auf einen Tisch gestellte Tintenfässer, mit einer tiefschwarzen Patina besprenkelt. In der Ferne übernahmen die schwebenden Yaks die Zeichensetzung.

Das Geröll panzerte die dunklen Abhänge mit Bronze. Die Patina reflektierte das Licht, das wir einatmeten. Blind vor Kälte und vom Wind gewaschen liefen wir weiter. Meine Gefährten setzten sich zum Verschnaufen auf Geländestufen. Die Schluchten eröffneten dunkle Gänge. Sie appellierten an drei Menschentypen: an die Betrachter, die Schatzsucher und die Jäger. Wir zählten zur ersten Kategorie. Jedes Tal stellte eine neue Versuchung dar, doch wir verloren unser Ziel nicht aus den Augen. Am Abend bauten wir unsere Zelte auf 4800 Höhenmetern in einem trockenen, kleinen Tal auf und erreichten vor Einbruch der Dunkelheit einen zweihundert Meter weiter oben gelegenen Gipfel, der ein Gletschertal überragte. Um sechs Uhr erschien ein Yak auf dem gegenüberliegenden

Kamm, einen Kilometer weit entfernt. Dann noch einer und ein dritter, bis irgendwann zwanzig Yaks in der verbliebenen Helligkeit standen. Ihre Massen glichen den Zinnen einer Burg.

Sie waren Totems aus fernen Zeiten. Schwerfällig, kräftig, still und reglos: absolut unzeitgemäß! Sie hatten sich nicht weiterentwickelt, sie waren nicht gekreuzt worden. Seit Millionen von Jahren ließen sie sich von den gleichen Instinkten leiten, die gleichen Gene codierten ihre Begierden. Sie widerstanden dem Wind, dem Abhang, der Vermischung und jeder Entwicklung. Sie blieben rein, weil beständig. Sie waren Verwahrer der stehengebliebenen Zeit. Die Urgeschichte weinte, und jede einzelne Träne war ein Yak. Ihre Schatten schienen zu sagen: «Wir sind Natur, wir verändern uns nicht, wir sind von hier und von immer. Ihr seid Kultur, Plastik und Unbeständigkeit, ihr erfindet permanent etwas Neues, was genau sucht ihr eigentlich?»

Das Thermometer zeigte −20 °C. Wir anderen, die Menschen, waren dazu verurteilt, Gast in jenen Regionen zu sein. Ein Großteil der Erdoberfläche stand unserer Spezies nicht offen. Unzureichend angepasst und auf nichts spezialisiert, hatten wir nur unser Großhirn als Wunderwaffe. Es ermächtigte uns zu allem. Wir konnten die Welt unserer Intelligenz unterwerfen und in der natürlichen Umgebung unserer Wahl leben. Unsere Vernunft kompensierte unsere Schwäche. Unser Unglück bestand in der Schwierigkeit zu bestimmen, wo wir bleiben wollten.

Wie sollten wir zwischen unseren gegensätzlichen Nei-

gungen entscheiden können? Wir waren keine «instinkt-
losen» Wesen, wie von den Kulturalisten proklamiert,
wurden im Gegenteil von zu vielen, widersprüchlichen
Instinkten bestürmt. Der Mensch litt unter seiner gene-
tischen Unbestimmtheit, und zwar um den Preis der Un-
entschlossenheit. Da unsere Gene uns nichts aufdrängten,
mussten wir zwischen all den Möglichkeiten wählen, die
sich unserem Willen darboten. Was für ein Schwindelge-
fühl! Was für ein Fluch, alles umfassen zu können! Der
Mensch wollte unbedingt tun, was er fürchtete, sehnte
sich nach dem Verstoß gegen das, was er geschaffen hatte;
zu Hause träumte er von Abenteuern, verzehrte sich aber
nach Penelope, sobald er auf hoher See war. Zu allen mög-
lichen Unternehmungen fähig, verurteilte er sich selbst
zu ewiger Unzufriedenheit. Er träumte von einem «zugleich». Einem «zugleich», das weder biologisch möglich
noch psychologisch wünschenswert oder politisch haltbar
war.

In manchen Nächten, wenn ich mich in Paris auf einer
Terrasse im fünften Arrondissement in die Ferne träumte, sah ich mich in einer einsamen Hütte in der Provence
und wischte diese Vorstellung sofort zugunsten einer
Abenteuerfahrt beiseite. Außerstande, mich für eine einzige Richtung zu entscheiden, hin- und hergerissen zwischen Stillstand und Bewegung, dem Schwanken unterworfen, beneidete ich die Yaks: in ihrem Determinismus
gefangene Ungeheuer, die gerade deshalb zufrieden mit
ihrem Schicksal waren und sich dort befanden, wo sie
überleben konnten.

Die Genies der Menschheit waren diejenigen, die sich für einen einzigen Weg entschieden hatten, ohne je davon abzuweichen. Hector Berlioz sah gar im Leitmotiv, der *idée fixe*, die Voraussetzung für das Genie. Er bemaß die Qualität eines Werks an der Einheitlichkeit des Motivs. Wollte man in die Nachwelt eingehen, verzettelte man sich besser nicht.

Das Tier seinerseits beschränkte sich notwendigerweise auf das natürliche Umfeld, das der Zufall ihm zugewiesen hatte. Seine Codierung beinhaltete sämtliche Voraussetzungen zum Überleben in seinem Biotop, so feindlich es auch sein mochte. Und diese Anpassung machte es unangreifbar. Unangreifbar, weil es sich nicht wegsehnte. Das Tier, eine *idée fixe*.

Die Temperatur fiel, wir mussten aufbrechen. Wir ließen die Yaks zurück. Sie käuten gerade wieder und würden sich nicht von der Stelle rühren. Wir waren die Herren der Welt, aber verwundbare, rastlose Herren. Wir waren Hamlet, der über die Festungsmauern irrt.

Wir erreichten das Lager und krochen in unsere Schlafsäcke. Bevor er die Reißverschlüsse an den Zelten schloss, gab uns Munier eine Empfehlung: «Nehmt bloß kein Ohropax, vielleicht singen ja die Wölfe.»

Genau wegen solcher Sätze ging ich auf Reisen.

Dann stieg der Mond auf und konnte nichts für uns tun, es herrschten −30 °C unter dem Zelttuch. Die Träume gefroren.

Erde und Fleisch

Um vier Uhr morgens standen wir auf. Das Thermometer zeigte −35 °C. Es hatte etwas Unsinniges, sich aus dem Schlafsack zu schälen.

Wollte man unter solchen Bedingungen nicht unter der Kälte leiden, galt es, bestimmte Vorkehrungen zu treffen. Jede Geste gehorchte einer minuziösen Choreographie: die Handschuhe finden, die Schuhe noch im Schlafsack zubinden, jeden Gegenstand in der richtigen Reihenfolge verstauen, den Fausthandschuh zum Festschnallen eines Gurts aus- und schnell wieder anziehen. Kaum brauchte man ein bisschen länger, schnappte sich die Kälte ein Körperglied und ließ es erst wieder los, wenn sie ein anderes zu fassen bekam. Sie fraß sich in den ganzen Organismus. Der Körper härtet sich mit den Jahren zwar nicht ab, doch mit eingeübten Gesten lässt sich die Qual ein bisschen lindern. Munier hatte sein Biwak in den Wintern von Ellesmere Island oder Kamtschatka so oft abgebaut, dass er schnell agierte und nicht unter den Kälteattacken zu leiden schien. Leo verstand sich auf präzise Handgriffe. Er war vor mir fertig, mit gepackter Tasche und tadellos sitzender Ausrüstung. Marie und ich, etwas unordentlicher veranlagt, litten unter dem Aufwachen in der Kältekammer und waren froh, wenn es endlich losging. Im *Dào* hieß es: «Die Bewegung siegt über die Kälte.» So lautete auch der Erste Hauptsatz der Thermodynamik. Nach den Anweisungen des chinesischen Denkens und der thermischen Physik stürzten wir uns nun also bereitwillig in die Anstrengung.

Über breite Kämme kletterten wir bis auf 5200 Höhenmeter. Wir waren langsam, weil schlecht akklimatisiert. Der kleine Gipfel bildete eine flache Plattform aus vom Frost zersprengten Steinen. Der Tag brach an, und dort oben öffnete sich endlich der Blick auf das Changthang-Plateau: eine Hochebene von tausend Kilometern, vor Staub vibrierend und von weißen Sümpfen gemasert. Ein Horizont aus Dunst. In dieser Leere wohnte ein verborgenes Leben.

Ich malte mir lange Durchquerungen von Ost nach West aus. Es gibt Orte, deren Namen zum Träumen verlocken, und für mich erfüllte der Changthang diese Funktion. Manchmal werden magische Namen zu Titeln von Gemälden oder Gedichten. Victor Segalen träumte von *Thibet*, das er nie besuchte und mit ‹h› schrieb. Für ihn war es ein Tiefenraum zur Läuterung des Geistes. Später wurde *Thibet* zum Titel einer seiner Gedichtsammlungen, einer Liebeserklärung an alle unerreichbaren Länder. Er brachte das berühmte deutsche *Fernweh* zum Ausdruck, die Sehnsucht nach fremden Gefilden. Der Changthang zu meinen Füßen bot sein Nichts für weitere Abenteuer dar: ein zu eroberndes Reich, ein Land, das sich zu Pferd durchmessen ließ, in Kolonnenformation, mit einer Flagge. Eines Tages würden wir geradewegs seine trockene Oberfläche begehen. Ich war froh, die Ebene von so weit oben gesehen zu haben. Ich traf eine verbindliche Verabredung mit etwas, das ich nie kennenlernen würde.

Wir blieben zwei Stunden auf dem Gipfel und sahen kein einziges Tier, nicht einmal einen Raubvogel. Scharfe Einschnitte im Gelände deuteten darauf hin, dass die Chinesen das Gebiet mit Planierraupen zerpflügt hatten. Erzgräber vielleicht?

«Die Gegend ist völlig ausgenommen worden», sagte Munier, «wie bei mir zu Hause in den Vogesen. Schon in den sechziger Jahren hat mein Vater, der damals noch sehr jung war, seine Mitbürger alarmiert. Er sah das ganze Ausmaß der Katastrophe voraus. Rachel Carson hatte *Der stumme Frühling* geschrieben, worin der Einsatz von Pestiziden angeprangert wird. Damals sahen nur wenige die Bedrohung kommen. René Dumont, Konrad Lorenz, Robert Hainard: Sie alle predigten tauben Ohren. Mein Vater quälte sich, man hielt ihn für einen Oberlinken, er wurde krank davon: ein Krebs der Traurigkeit.»

«Er hat am eigenen Leib an der Erde gelitten», sagte ich.

«Wenn du so willst, ja.»

Binnen eines Tages kehrten wir zum Mittelpunkt der Welt zurück, an unseren See. Es wurde Abend, nach einem achtstündigen Marsch setzten wir uns ans Ufer. Die Stille surrte. Das Kunlun-Gebirge, schon im Dunkeln, hielt freundschaftlich Wache. Das Plateau war leer. Kein Geräusch, keine Bewegung, kein Geruch. Tiefer Schlaf. Das Dào ruhte, der See war faltenlos. Aus seiner Gelassenheit entsprang folgende Weisheit:

Der Wesen zahllose Menge entwickelt sich,
doch jedes wendet sich zurück zu seiner Wurzel.
Zurückgewandt sein zur Wurzel: das ist Stille.

Ich mochte diesen betäubenden Hermetismus. Das *Dào* malt wie der Qualm einer Havanna zarte Rätsel in die Luft. Auch ohne viel zu verstehen, stellt sich eine wohlige Benommenheit ein, wie bei der Lektüre des Augustinus.

Der Monotheismus hätte nicht in Tibet entstehen können. Die Idee eines einzigen Gottes war in der Region des Fruchtbaren Halbmonds aufgekommen. Bauern und Hirten schlossen sich zusammen. Am Rand der Flüsse entstanden Städte. Man konnte sich nicht mehr damit begnügen, Stiere für die Muttergöttin zu schlachten. Es galt, das gemeinschaftliche Leben zu verwalten, die Ernten zu zelebrieren und die Schafe zu bändigen. Man schuf ein Weltbild, das die Herden verherrlichte. Man erfand ein universelles Denken. Das Dào wiederum blieb eine Lehre für den Einsamen, der über die Hochebene schweifte. Ein Glaube für Wölfe.

«Lies noch mal im *Dào*!», riet Leo mir.

«Alle Wesen entstammen dem Sein.»

Und keine heransprintende Antilope widerlegte das Gedicht.

DRITTER TEIL

Die Erscheinung

Nun aber die Gottheit. Munier wollte nach Zadoï im äußersten Osten Tibets, ins Hochtal des Mekong. Von dort aus würden wir die Bergmassive erreichen, hinter denen sich die überlebenden Leoparden verschanzten.

«Überlebende wovon?», fragte ich.

«Von der Ausbreitung des Menschen», sagte Marie.

Definition des Menschen: das bestgedeihende Geschöpf in der Geschichte des Lebendigen. Seine Spezies ist nicht bedroht: Sie rodet, baut und verbreitet sich. Nachdem sie sich ausgedehnt hat, drängt sie sich wieder zusammen. Ihre Städte wachsen in den Himmel – «doch dichterisch wohnet der Mensch auf dieser Erde», schrieb im 19. Jahrhundert ein deutscher Poet. Ein hehres Vorhaben, ein einfältiger Wunsch – der sich nicht verwirklicht hat. Der Mensch des 21. Jahrhunderts wohnt in seinen Türmen als Miteigentümer dieser Welt. Er hat das Spiel gewonnen, denkt an seine Zukunft und schielt schon nach dem nächsten Planeten, der die Überfülle aufnähme. Bald wird er die «unendlichen Räume» als Halden nutzen. Vor ein paar Jahrtausenden hatte der Gott der Genesis (dessen Worte noch aufgeschrieben wurden, bevor er verstummte) genaue Anweisungen gegeben: «Seid fruchtbar und mehret euch und füllet die Erde und macht sie euch untertan» (1,28). Inzwischen durfte man wohl (ohne Affront gegen die Kleriker) davon ausgehen, dass das Programm erfüllt und die Erde «untertan» war: Zeit, der gebärenden Mutter endlich Ruhe zu gönnen. Wir waren acht Milliarden Menschen. Es waren noch ein paar tausend Leoparden übrig. Die Menschheit spielte kein faires Spiel mehr.

Nichts als die Tiere

Munier und Leo hatten im Jahr zuvor am rechten Fluss-
ufer in der Nähe eines buddhistischen Klosters Wildtiere
beobachtet. Allein der Name Mekong rechtfertigte die
Reise. Wie magnetisch angezogen folgten wir klingenden
Namen. Samarkand oder Ulaanbaatar. Anderen hatte
«Balbec» genügt. Und manche erschauerten sogar beim
Namen Las Vegas!

«Magst du Ortsnamen?», fragte ich Munier.

«Lieber Tiernamen», sagte er.

«Welchen denn am liebsten?»

«Falke. Mein Totemtier. Und du?»

«Baikal, mein Pilgerort.»

Wir stiegen alle vier wieder in unsere Jeeps und fuhren
zwei Tage lang über die Glacis, über die wir gekommen
waren – «die Schwemmböschungen des Holozäns», hätte
mein Geomorphologie-Professor an der Universität Paris
X Nanterre gesagt. Die kalte Luft knirschte. Der von den
Fahrzeugen aufgewirbelte Schleier bestand aus Moränen-

staub, der von Gletschern gemahlen worden war und sich seit Millionen von Jahren abgelagert hatte. In der Geographie fühlt sich niemand zum Aufräumen berufen.

Wir sogen den Geruch der Schlacken ein, der Himmel schmeckte nach Feuerstein. Marie filmte die Sonne, die durch die von den Herden aufgewirbelte Schleppe schien. Lächelnd betrachtete sie die Leere. Leo reparierte die von den Erschütterungen beschädigten Geräte, er hatte ein Faible für funktionstüchtige Systeme. Munier murmelte Tiernamen vor sich hin.

Die Strecke nach Zadoï war ein Trümmerfeld, wir fuhren im Schritttempo. Ein paar Graniterhebungen wachten lustlos über die Plateaus. Zwischen zwei schmutzigen Firnschneefeldern kletterte die Piste einen Buckel empor: endlich ein Pass! Danach stundenlang Serpentinen. Die Erde roch nach kaltem Wasser. Ein schneeloses Land, weiß von Staub. Warum fühlte ich mich diesen Landschaften ohne Schattierungen, diesen säbelartigen Reliefs und dem harten Klima so verbunden? Ich bin im Pariser Becken geboren, meine Eltern hatten mich mit der Atmosphäre von Le Touquet vertraut gemacht. In der Picardie hatte ich unter einem grauen Himmel den Geburtsort meines Vaters besucht. Man hatte mir beigebracht, Courbet zu schätzen, die lieblichen Landschaften der Thiérache und der Normandie. Ich war Bouvard und Pécuchet näher als Dschingis Khan, und doch fühlte ich mich in jenen Glacis heimisch. In der zentralasiatischen Steppe, die ich schon oft bereist hatte – Generalgouvernement Turkestan, afghanischer Pamir, Mongolei und

Tibet –, hatte ich das Gefühl heimzukehren. Sobald Wind aufkam, atmete ich heimatliche Luft. Dafür gab es zwei Erklärungen: Entweder war ich in einem früheren Leben ein mongolischer Reitknecht gewesen, und diese metempsychotische Hypothese wurde von den mandelförmigen Augen meiner seligen Mutter bestätigt. Oder diese geographischen Abflachungen spiegelten meinen Seelenzustand wider, und als Neurastheniker fühlte ich mich zu Steppenlandschaften hingezogen. Womöglich hätte man eine geopsychologische Theorie entwickeln können, der zufolge die geographischen Vorlieben der Menschen ihrem Naturell entsprächen: Heitere Geister hätten ein Faible für blühende Wiesen, abenteuerlustige Herzen für Marmorklippen, düstere Seelen für das Unterholz in der Landschaft Brenne und derbere Menschen für Granitsockel.

Kurz bevor wir den Asphalt des Streckenabschnitts auf der Route Golmud–Lhasa befuhren, tauchte ein Wolf auf. Er trottete mit gerecktem Hals an der Böschung entlang. Dann wandte er den Kopf, ohne sein Tempo zu verlangsamen, um sicherzugehen, dass wir nicht auf ihn zuhielten, und bog scharf im rechten Winkel ab. Er rannte quer über die Straße Richtung Norden auf die Gebirgsausläufer zu. Im selben Augenblick näherten sich etwa hundert Wildesel. Ein langsames Ballett auf einer riesigen Bühne: Der Wolf trottete, die Esel trabten, in fünfzig Meter Entfernung eine Gruppe Tschirus und eine in den Süßgräsern weidende Herde Tibetgazellen (*Procapra*). Die Herden streiften einander, ohne sich zu vermischen, die Esel machten sich aus dem Staub, ohne jemanden zu stören. Bei den Tieren lebt man Seite an Seite, duldet den anderen, jedoch ohne Kameradschaft. Nicht alles durcheinanderbringen: eine gute Lösung für das Leben in der Gruppe.

Der Wolf überholte den hinteren Teil der Herde Esel und entfernte sich mit einigem Abstand über das Glacis. Wölfe können an einem Stück achtzig Kilometer zurücklegen. Dieser hier schien zu wissen, wohin er wollte. Die Esel hatten ihn bemerkt. Manche beobachteten ihn mit einer leichten Drehung aus dem Hals. Keiner wirkte panisch. In der Welt des Unabwendbaren kennt man einander, Beute- und Raubtiere. Die Pflanzenfresser wissen, dass eines Tages einer von ihnen dran glauben muss; der Preis, den sie für das Weiden in der Sonne zahlen. Munier hatte eine handfestere Erklärung parat: «Die Wölfe jagen im Rudel und bewirken mit ihrer Angriffsstrategie die Erschöpfung der Beutetiere. Ein einzelner Wolf kann gegen eine Herde nicht viel ausrichten.»

Wir näherten uns dem oberen Mekong. Auf dieser Höhe war der Fluss eine bloße Schlangenlinie. Eines Morgens, in einem kleinen, gelblichen Tal, so hoch wie der Montblanc, überraschten wir in der Nähe eines mit den traditionellen Fahnen geschmückten Bauernhofs drei Wölfe am Hang: drei Gauner nach ihrer krummen Tour. Sie liefen Richtung Kamm, der letzte hielt ein Stück Fleisch im Maul. Die Hunde heulten herzzerreißend, ohne sich an die Verfolgung zu wagen. Hunde wie Menschen: auf den Lippen die Wut, im Bauch die Angst.

Die Besitzer standen an der Tür und schauten der Szene tatenlos zu: «Was sollen wir tun, wer ist schuld?», schienen sie zu fragen. Die drei Wölfe folgten ihrer Bahn, stolz, überlegen, ungestraft, unwiderlegbar, wie die Sonne. Sie postierten sich auf dem Kamm, und der jüngste von ihnen verschlang das Fleisch, während die beiden Erwachsenen aufpassten, mit angespannten Vorderläufen und hervorstehenden Rippen. Im Schutz einer Anhöhe stiegen wir zu ihnen auf. Als wir den Abhang erklommen hatten, waren sie verschwunden. Ein Steinkauz flatterte in der Luft, ein Fuchs bellte, Gazellen streiften die Böschung. Von Wölfen keine Spur.

«Sie haben sich zurückgezogen, aber weit sind sie nicht», sagte Munier.

Das war eine gute Definition der Wildnis: das, was noch da ist, wenn man es nicht mehr sieht. Uns blieb die Erinnerung an die drei Desperados, die in der Morgenröte unter dem Gebell der Hunde weiteren Raubzügen entgegentrotteten. Eine Viertelstunde bevor wir unsere Deckung aufgaben, sangen die Wölfe eine Antwort auf einen Appell aus nördlicher Richtung.

«Sie schließen gleich zu einem anderen Rudel auf. Sie haben ihre Treffpunkte», sagte Munier, «es erschüttert mich jedes Mal, einem Wolf zu begegnen.»

«Warum?»

«Ein Echo der wilden Zeiten. Ich bin im überbevölkerten Frankreich geboren, wo sich die Kraft erschöpft und der Raum reduziert. Wenn bei uns ein Wolf ein Schaf reißt, gehen die Schafzüchter auf die Straße, mit Transparenten, auf denen steht: ‹Stoppt die Wölfe!›»

An alle Wölfe: Bleibt nur nicht in Frankreich, dieses Land ist geradezu versessen auf die Reglementierung von Herden. Ein Volk, das Majoretten und Bankette liebt, erträgt es nicht, wenn ein Häuptling der Nacht frei umherstreunt.

Die Bauern zogen sich wieder in ihr Haus zurück und bedachten die Mastiffs mit Fußtritten. Auf Erden sprintet die Gazelle, stromert der Wolf, wälzt sich der Yak und sinnt der Geier, die Antilope stiebt davon, der Pfeifhase sonnt sich – und der Hund zahlt für alle.

Die Liebe auf den Abhängen

Unsere Fahrspur traf mit einem Nebenfluss zusammen, der sich auf fast 5000 Meter Höhe über das Felsplateau schlängelte. Kleine Kalktürmchen spickten die Talränder. Diese Verteidigungsmauer war mit Grotten übersät, die dunkle Tränen auf die Felswand malten.

«Ein Reich für die Leoparden», sagte Munier. Die Schäferei, an der er unser Basislager errichten wollte, war noch hundert Kilometer entfernt.

Auf einem Felsvorsprung über der Strecke tauchte plötzlich eine Pallaskatze auf, *Otocolobus manul*. Mit ihrem zerzausten Kopf, ihren dolchförmigen Eckzähnen und ihren gelben Augen, die dämonisch aufblitzten, verlor sie alles Plüschtierhafte. Diese kleine Raubkatze war ihrerseits ständig von Räubern bedroht. Sie schien es der Evolution zu verübeln, ihr in einem so anmutigen Körper eine solche Dosis Aggressivität verabreicht zu haben. «Versucht ja nicht, mich zu streicheln, sonst springe ich euch an die Kehle», besagte ihre Grimasse. Über ihr

stand ein Blauschaf auf einem Grat, die Windungen seiner Hörner zwischen die Zinnen gebettet. So wachen die
Tiere über die Welt wie Wasserspeier auf den Glocken-
türmen über die Stadt. Wir laufen ahnungslos an ihnen
vorbei. Den ganzen Tag das gleiche Spiel: Sobald wir ein
Tier sahen, stürzten wir aus unseren Fahrzeugen, krochen über den Boden und justierten unsere Geräte. Kaum
waren wir auf unserem Posten, waren sie schon wieder
verschwunden.

Ich traute mich nicht, Leo meine Beobachtungen mit-
zuteilen, aber es war offensichtlich: Munier und Marie
liebten einander. Still, ohne leidenschaftliche Ausbrüche.
Er, groß und athletisch, verstand es, die Welt zu lesen,
und respektierte das Rätselhafte an dieser biegsamen
Frau, die nichts von sich preisgab. Sie, überaus schweig-
sam, bewunderte den Mann, der um Geheimnisse wusste,
aber die ihren unangetastet ließ. Zwei junge griechische
Götter in der Gestalt prächtiger, überlegener Tiere. Ich
freute mich, sie zusammen zu erleben, selbst bei −20 °C
und in einem Dornbusch.

«Liebe ist, wenn man stundenlang reglos nebeneinan-
derliegt», sagte ich.

«Wir sind für die Lauer gemacht», bestätigte Marie.

An diesem Morgen filmte sie die Pallaskatze, und Munier suchte mit den Augen die Erhebungen ab, um auszumachen, welcher Präriehund in der Arena sterben werde.

Abgestoßen vom Affront der Menschen gegen die Natur, hegte Munier doch noch Zuneigungen für seinesgleichen. Er reservierte seine Gefühle für einige wenige, ge-

nau identifizierbare Empfänger. Ich bewunderte diesen gezielten, weil ehrlichen Einsatz von Liebe.

Obwohl ausgesprochen mildtätig, sah Munier sich nicht als Humanisten. Das Tier in der Okularmuschel war ihm lieber als der Mann im Spiegel, für ihn bildete der Mensch nicht die Spitze der Lebenspyramide. Er wusste, dass unsere, erst seit kurzem im irdischen Haus lebende Spezies sich als Herrscherin aufspielte und den eigenen Ruhm mit der kompletten Auslöschung alles Andersartigen festigte.

Mein Kamerad widmete seine Liebe nicht einer abstrakten Vorstellung vom Menschen, sondern realen Adressaten: den Tieren und Marie. Fleisch, Knochen, Fell und Haut – noch vor den Gefühlen brauchte er etwas Greifbares.

Die Liebe im Wald

Auch ich hatte jemanden geliebt. Und die Liebe hatte ihre Aufgabe erfüllt: Alles andere war restlos verschwunden. Sie lebte im Forêt des Landes, eine laue und blasse Erscheinung. Abends gingen wir auf den Waldwegen spazieren. Die einhundertfünfzig Jahre zuvor gepflanzten Kiefern hatten die Sumpfgebiete erobert und sich hinter den Dünen vermehrt, sie verströmten einen beißenden, warmen Geruch: den Schweiß der Welt. Die Wege glichen Laufbändern, auf denen die Schritte federten. «Man muss im Rhythmus der Sioux leben», sagte sie. Wir scheuchten Tiere auf, einen Vogel, ein Reh. Eine Schlange stahl sich davon. Die Menschen der Antike – marmorne Muskeln, weiße Augen – sahen im plötzlichen Auftauchen der Tiere das Erscheinen eines Gottes.

«Er ist verletzt und kann nicht fliehen, jetzt ist er entdeckt worden, er muss sterben.» Monatelang hörte ich solche Sätze. An einem Abend hatte eine Spinne – «eine Lycosa», sagte sie – hinter einem Farnstiel einen Holzbock ausgemacht. «Sie wird ihm gleich ihr Gift injizieren, und dann frisst sie ihn.» Wie Munier wusste sie über solche Dinge Bescheid. Woher bezog sie ihre Intuitionen? Es war Wissen aus früheren Zeiten. Die Intelligenz der Natur befruchtet manche Menschen, ohne dass sie eigens studiert hätten – Hellseher, die rätselhafte Zusammenhänge aufdecken, wo die Gelehrten nur einen einzelnen Baustein des Gefüges analysieren.

Sie las aus den Büschen. Sie verstand die Vögel und Insekten. Wenn sich der Strandhafer öffnete, sagte sie: «Das ist das stille Gebet der Blume zu ihrem Gott, der Sonne.» Sie rettete Ameisen, die in eine Ablaufrinne geschwemmt worden waren, Schnecken, die sich in Dornen verfangen hatten, einen Vogel mit gebrochenem Flügel. Angesichts eines Käfers, eines Skarabäus, sagte sie: «Das ist ein Wappenmotiv, er verdient unsere Verehrung.» Einmal in Paris war auf dem Vorplatz von Saint Séverin ein Sperling auf ihren Kopf geflogen, und ich hatte mich gefragt, ob ich eine Frau verdiente, die von den Vögeln als Sitzstange auserkoren worden war. Sie war eine Priesterin, ich folgte ihr.

Wir lebten in den abendlichen Wäldern. Ihre auf eine Fläche von ungefähr zehn Hektar ausgedehnte Pferdezucht lag westlich eines holprigen Fahrwegs, der ihr ein verschwiegenes Leben zu garantieren schien. Sie hatte sich eine kleine Kiefernhütte am Waldrand eingerichtet. Ein Tümpel bildete den Mittelpunkt des Grundstückes. Hier pausierten die Stockenten und tranken die Pferde. Ringsum wuchs dichtes Gras aus dem Sand, über den die Tiere trampelten. Der ganze Komfort der Hütte: ein Ofen,

Bücher, eine Remington 700, alles Nötige zum Kaffee-kochen, ein Vordach, um ihn zu trinken, und ein Sattel-raum, in dem es nach Pflanzensaft roch. Über dieses Reich wachte ein Beauceron, so gespannt wie der Schlag-hebel einer Beretta 92. Wohlgesinnt gegenüber jedem, der sich höflich zeigte, wäre er dem ersten Störenfried sofort an die Gurgel gesprungen. Ich hatte Glück.

Manchmal setzten wir uns auf die Dünen. Der Ozean pulsierte wütend, die Wellen brachen nimmermüde. «Wahrscheinlich schwelt zwischen dem Meer und der Erde schon lange ein Streit.» Ich gab Dinge von mir wie diese, die sie überhörte.

Die Nase in ihr nach Buchsbaum duftendes Haar ver-graben, ließ ich sie ihre Theorien vortragen. Der Mensch sei vor Millionen von Jahren auf die Erde gekommen. Ein-fach so, ohne Einladung: Der Tisch war gedeckt, die Wäl-der waren üppig, und die Tiere schweiften umher. Dann habe die Neolithische Revolution, wie jede Revolution, den Schrecken eingeläutet. Der Mensch habe sich zum Politbüro-Chef des Lebendigen ausgerufen, sich auf die oberste Sprosse der Leiter geschwungen und eine Reihe von Dogmen ausgedacht, um seine Herrschaft zu legi-timieren. Dabei traten alle für das Gleiche ein: für sich selbst. «Der Mensch ist Gottes Montagsmodell!», sagte ich. Sie mochte solche Floskeln nicht. Ich würde nur überflüs-sige Knaller zünden.

Sie hatte mir eine Idee nahegebracht, die ich auf den ti-betischen Dünen Leo auseinandersetzte: Tiere, Pflanzen,

Einzeller und Neocortex sind Fraktale desselben Gedichts. Sie erzählte mir von der Ursuppe: Vor viereinhalb Milliarden Jahren habe eine im Wasser brodelnde Hauptmaterie existiert. Vor den Teilen habe es ein Ganzes gegeben. Und aus dieser Kraftbrühe sei etwas entstanden. Eine Trennung habe sich ereignet, dann eine Verzweigung der Formen und deren zunehmende Komplexität. Sie verehrte jedes Tier wie einen Splitter des Spiegels. Sie las einen Fuchszahn auf, eine Reiherfeder oder einen Schulp und murmelte beim Betrachten dieser Scherben: «Wir stammen alle vom Gleichen ab.»

Auf der Düne kniend sagte sie: «Sie wird ihre Straße bestimmt wiederfinden, sie ist vom Nektar des Mauerpfeffers angelockt worden, die anderen haben es sich leichter gemacht.»

Die Rede war von einer Ameise, die sich nach einem Umweg über eine gelbe Blüte ihrer Prozession wieder anschloss. Wie erklärte sich diese grenzenlose Zärtlichkeit? «Aus ihrer Genauigkeit», sagte sie, «weil die Tiere so penibel alles richtig machen wollen. Wir Menschen sind einfach nicht zuverlässig.»

Im Sommer war der Himmel klar. Die Dünung war unruhig, aus dem Strudel entstand eine Wolke. Die Luft war warm, das Meer ungezügelt, der Sand weich. Am Strand lagen Leute. Die Franzosen waren dicker geworden. Die Schuld der Bildschirme? Seit den sechziger Jahren saßen die Gesellschaften. Seit dem kybernetischen Wandel zogen die Bilder an unbeweglichen Körpern vorbei.

Am Himmel ein Flugzeug mit einem Werbebanner

für ein Seitensprungportal. «Und was, wenn der Pilot am Strand gerade seine Frau mit einem Date vom Seitensprungportal liegen sieht?», sagte ich.

Sie fixierte die Möwen, die im Wind surften und in der prallen Sonne dem *swell* trotzten.

Auf den federnden Wegen gingen wir zur Hütte zurück. Ihr Haar roch inzwischen nach Kerzen. Für sie raschelten die Bäume in einem bedeutungsvollen Knistern. Die Blätter waren ein Alphabet. «Die Vögel vokalisieren nicht aus Selbstgefälligkeit», sagte sie. «Sie singen patriotische Hymnen oder Serenaden: Ich bin hier zu Hause, ich liebe dich.» Wir erreichten die Hütte, und sie entkorkte einen Wein von der Loire, ganz Sand und Nebel. Ich trank wie ein Wahnsinniger, das rote Gift ließ meine Adern anschwellen. Es wurde dunkel in mir. Ein Ruf der Schleiereule. «Ich kenne sie, sie ist immer hier, der Geist der Nacht, der General der toten Bäume.» Das gehörte zu ihren Obsessionen: eine neue Klassifikation von Lebewesen, nicht mehr nach Linnés Strukturmethode der Stämme, sondern nach einer übergreifenden Ordnung, die den gemeinsamen Veranlagungen von Tieren und Pflanzen Rechnung tragen sollte. Etwa der Gefräßigkeit – die der Hai mit der fleischfressenden Pflanze teilte –, dem Sprungvermögen – das Privileg von Springspinnen und Kängurus –, der Langlebigkeit – auf die sich Schildkröte oder Riesenmammutbaum berufen konnten – sowie der vom Chamäleon oder der Gespenstschrecke verkörperten Verstellung. Es tat nichts zur Sache, dass diese Lebewesen nicht demselben biologischen Phylum angehörten, solange sie vergleichbare Anlagen hatten. Daraus zog sie den Schluss, dass ein Kuckuck und ein Leberegel mit ihrem Gespür für die richtige Gelegenheit und die genaue Kenntnis ihrer Opfer einander ähnlicher waren als Mitgliedern ihrer eigenen Familie. Die Welt des Lebendigen entfaltete vor ihren Augen ihr ganzes strategisches Spektrum von Krieg, Liebe und Bewegung.

Sie stand auf, um die Pferde in den Unterstand zu bringen. Ein präraffaelitischer Anblick: eine langsame, unnachgiebige, helle und genaue Frau im Mondlicht, gefolgt von ihrer Katze und einer Gans, von halfterlosen Pferden und einem Hund. Fehlte nur noch ein Leopard. Sie glitten lautlos voran, mit erhobenem Kopf, ohne sich zu berühren, in einer Linie und voneinander getrennt, ihr Ziel fest im Blick. Eine geordnete Truppe. Wie Sprungfedern waren die Tiere bei der kleinsten Regung ihrer Herrin hochgeschnellt. Sie war eine Schwester des heiligen Franziskus. Wenn sie an Gott geglaubt hätte, wäre sie einem Bettel- und Todesorden beigetreten, einem mystischen, nächtlichen Kommunismus, der sich ohne klerikale Vermittler direkt an Gott wandte. Ja, allein ihr Umgang mit den Tieren war ein Gebet.

Ich habe sie verloren. Sie wollte mich nicht, weil ich mich nicht auf Gedeih und Verderb der Liebe zur Natur verschreiben mochte. Wir hätten auf einem großen Grundstück gelebt, in einem tiefen Wald, in einer Hütte oder Ruine zur Tierbeobachtung. Der Traum verflüchtigte sich, und ich sah sie, flankiert von ihren Tieren im abendlichen Wald, ebenso langsam, wie sie gekommen war, wieder verschwinden. Ich machte mich erneut auf den Weg, hechtete von Reise zu Reise, vom Flugzeug in den Zug, von einem Vortrag zum nächsten, um (mit salbungsvoller Stimme) zu verkünden, dass der Mensch gut daran täte, endlich zur Ruhe zu kommen. Ich bereiste die Erde, und immer, wenn ich einem Tier begegnete, hatte ich ihr entschwundenes Gesicht wieder vor Augen. Ich folgte ihr überallhin. Als Munier mir damals an den Ufern der Mosel vom Schneeleoparden erzählte, wusste er nicht, dass er mir ein Wiedersehen mit ihr vorschlug.

Sollte ich dem Leoparden begegnen, würde sich in dem Tier meine einzige Liebe verkörpern. Jede Begegnung mit ihm wäre ihrem getrübten Andenken gewidmet.

Eine Katze in der Schlucht

An Zadoï vorbei führte unser Weg auf 4600 Meter Höhe über eine Schlucht. Wir hatten die Schäferei von Bapo erreicht. Später würden wir diesen Ort linker Hand des Mekong und fünfhundert Meter entfernt vom Ufer die «Schlucht des Leoparden» nennen. Drei Lehmbaracken in der Größe von Strandbuden standen am Eingang eines in den Karst gegrabenen Canyons. Die weißen, von weinroten Flechten überzogenen Kämme gipfelten in über 5000 Meter Höhe und öffneten sich über riesigen abschüssigen Flächen mit weidenden Herden. Der gefrorene Wasserstrahl trat zwischen den Felswänden aus und mündete über drei Windungen in den Fluss. Zu Fuß brauchten wir zwanzig Minuten bis an die Ufer, wo die Hausyaks jeden Morgen von einer fetteren Weide als der des Vortags träumten.

Kein fließendes Wasser, kein Strom, keine Heizung. Der Wind trug uns das Brüllen der Tiere zu. Die Hunde hielten eifersüchtig Wache. Der Weg verlief unterhalb der

Böschung, parallel zum Fluss, und brachte hin und wieder einen Besucher. Der Jeep des Yakzüchters machte Hoffnung auf einen Ausflug in die moderne Welt und nicht nach Zadoï, das fünfzig Kilometer weiter östlich lag.

Die Nomadenfamilie verbrachte den Winter hier, herrschte über Nächte von −20 °C und über zweihundert Yaks, bis es Frühling wurde und der Wind sich legte. Die Steilfelsen waren ein Paradies für den Leoparden. Die Höhlungen boten ihm Unterschlupf. Yaks und Blauschafe dienten als Wegzehrung. Die Menschen wiederum verhielten sich zahm. Wir vier würden hier zehn Tage lang bleiben.

Die drei Kinder waren dürr wie Besenstiele. Ihr drahtiger Körperbau schützte sie vor den Minusgraden. Der sechsjährige Gompa und seine beiden großen Schwestern Jisso und Djia mit ihren mandelförmigen Augen und blitzenden Zähnen führten das Vieh frühmorgens auf die Weiden und brachten es abends ins Lager zurück. Sie waren von morgens bis abends den Windböen ausgesetzt, während sie über das Bergmassiv liefen und die Tiere hüteten, die ungefähr sechsmal so voluminös waren wie sie selbst. Mindestens einmal in ihrem Leben hatten sie den Schneeleoparden gesehen. Im Tibetischen heißt er *Saâ*, und die Kinder sprachen das Wort extra laut aus, wie einen Zwischenruf, begleitet von starken Grimassen und den Zeigefingern vor dem Mund zum Mimen der Fangzähne. Diese Kinder würden sich nicht von Perraults Märchen einlullen lassen. Es kam vor, hatte uns der Vater erzählt, dass sich der Schneeleopard in einem Tal am oberen Mekong ein Kind schnappte.

Tougê, das fünfzigjährige Familienoberhaupt, wies uns das kleinste Gebäude zu. Es vereinte alle Voraussetzungen für einen besonderen Luxus: Die Tür öffnete sich direkt auf die Steilfelsen mit den streunenden Tieren. Die Hunde hatten uns akzeptiert, ein Ofen beheizte den Raum. Vor dem Lager schmolz für eine Stunde am Tag, wenn die Sonne am wärmsten war, das Flusswasser. Manchmal statteten uns die Kinder einen Besuch ab. Stunden der Kälte, der Stille und Einsamkeit, unveränderliche Landschaft, steinerner Himmel, mineralische Ordnung und Minustemperaturen: Tage, die Beständigkeit verhießen. Wir wussten unser Glück zu schätzen.

Die Stunden verteilten sich gleichmäßig auf Gewaltmärsche und Phasen des Winterschlafs.

Abends besuchten wir die Familie in der Nachbarbaracke. Hinter der Holztür ein wohliges Dunkel. Die Mutter schlug den Buttertee, ein rhythmisches Geräusch in der Stille. In Tibet gleichen die Familienräume warmen Bäuchen, die für die Tage im Eisregen entschädigen. Eine schlafende Katze, in ihren Adern die verdünnten Gene des Schneeleoparden: Weil sie sich für das Schnurren im Warmen entschieden hatte, blieb ihr das Vergnügen versagt, einen Yak auszubluten. Ihr entfernter Verwandter, der Luchs, lebte noch draußen, er zog die Unwetter der Trägheit vor. Ein vergoldeter Buddha schimmerte im Schein der Öllampen, und das Summen der Luft betäubte uns so, dass wir es aushielten, uns wortlos anzusehen.

Wir begehrten nichts mehr. Buddha hatte gewonnen: Sein Nihilismus sickerte in unseren Betäubungszustand. Der Vater ließ seine Gebetskette durch die Finger gleiten. Die Zeit verstrich. Die Stille war unsere Respektsbezeugung.

Morgens machten wir uns auf zur Schlucht. Munier postierte uns auf einer Felsenbank oder auf einem Bergkamm über dem Engpass. Manchmal teilten wir uns in zwei Gruppen auf, und Munier nahm Marie auf eine benachbarte Erhebung mit. In der Ferne zeichnete der Mekong weiße Haarflechten. Wir warteten auf den, für den wir gekommen waren: den Schneeleoparden, mit wissenschaftlichem Namen *panthera uncia*, die Unze; auf den Kaiser, der dieser Schlucht die Treue geschworen hatte und dessen öffentliche Auftritte wir bewundern wollten.

Die Künste und die Tiere

Es gab noch 5000 Schneeleoparden auf der Welt. Die Statistik zählte mehr Menschen mit Pelzmänteln. Die Unzen verschanzten sich in den Zentralmassiven, vom afghanischen Pamir bis nach Osttibet, vom Altai zum Himalaya. Ihr Verbreitungsgebiet korrespondierte mit der Karte der historischen Abenteuer in Oberasien. Die Expansion des Mongolischen Reichs, die Plünderungen des «verrückten» Barons von Ungern-Sternberg, die Streifzüge der nestorianischen Mönche durch Serindien, die sowjetischen Anstrengungen in den Randgebieten der Union oder Paul Pelliots archäologische Exkursionen in Turkestan – all diese Manöver entsprachen der Kartographie zum Schneeleoparden. Die Menschen hatten sich auf seinem Gebiet wie verdienstvolle Raubtiere gebärdet. Munier wiederum patrouillierte seit vier Jahren an dessen östlichem Rand. Die Chancen, auch nur einen Schatten auszumachen auf dieser ein Viertel von Eurasien umfassenden Fläche, blieben gering. Warum hatte sich mein Freund nicht auf die Porträtfotografie spezialisiert, einen zukunftsträchtigen Beruf? Anderthalb Milliarden Chinesen gegen 5000 Schneeleoparden: Der Gute machte es sich schwer.

Die Geier lösten einander ab, Wachen des Requiems. Als Erstes wurden die Kämme vom Tageslicht beschienen. Ein Falke besprengte das Tal mit seinem Segen. Der Wachdienst der Aasvögel faszinierte mich. Sie sorgten dafür, dass auf Erden alles seine Richtigkeit hatte: dass der Tod sich seinen Anteil an Tieren nahm und die Rationen verteilte. Unten, auf den schräg die Schlucht begrenzenden Steilhängen, weideten die Yaks. In den Gräsern ausgestreckt, suchte Leo kühl und gelassen jeden einzelnen Felsen mit dem Fernrohr ab. Ich war weniger akribisch. Die Geduld hat ihre Grenzen, und die meinen reichten bis hinters Tal. Ich wies jedem Tier einen Platz auf der sozialen Leiter seines Reiches zu. Der Schneeleopard war der Regent, seine Unsichtbarkeit bestätigte diesen Status. Er regierte, brauchte sich folglich nicht zu zeigen. Die Wölfe waren herumstromernde, treulose Fürsten, die Yaks warm gekleidete, behäbige Bürger, die Luchse Musketiere und die Füchse provinzielle Krautjunker, während die Blauschafe und die Esel das Volk verkörperten. Die Raubvögel wiederum stellten die Priester dar, zweideutige Herren über Himmel und Tod. Diese Kleriker in ihren gefiederten Livreen hatten nichts dagegen, wenn für uns etwas schiefging.

Die Schlucht wand sich zwischen von Grotten durchbrochenen Türmchen und vom Schatten gehöhlten Bögen.

Die Landschaft glitzerte silbrig in der Sonne. Kein einziger Baum, keine Wiese. Für die Lieblichkeit musste man auf Höhe verzichten.

Die Bergkämme bildeten keinen Schutz gegen den Wind. Die Böen ordneten die Wolken und regelten die albuminöse Beleuchtung. Eine Kulisse wie für König Ludwig II., von einem chinesischen Graveur mit einem Faible für Gespenster geschaffen. Blauschafe und Goldfüchse strichen über die Abhänge, durchquerten den Nebel und rundeten das Bild ab. Bilder, die vor Millionen von Jahren mit vereinter Kraft von der Tektonik, der Biologie und der Zerstörung komponiert worden waren.

Die Landschaft war meine Kunstakademie. Das Auge will geschult sein, um die Schönheit der Formen erfassen zu können. Mein Geographiestudium hatte mir Schwemmebenen und Trogtäler erschlossen. Die École du Louvre hätte mich mit den Feinheiten des flämischen Barocks und des italienischen Manierismus vertraut gemacht. Für mich übertrafen die Schöpfungen des Menschen nicht die Vollkommenheit der Bergreliefs, die florentinischen Madonnen nicht die Anmut der Blauschafe. Und in meinen Augen war Munier mehr Künstler als Fotograf.

Von Leoparden und Raubkatzen kannte ich bisher nur künstlerische Darstellungen. O Gemälde, o Zeiten! Bei den Römern trieb sich das Tier an der südlichen Grenze des Reichs herum und verkörperte den Geist des Orients. Kleopatra teilte sich mit der Raubkatze den Titel einer Königin der Grenzen. In Volubilis, in Palmyra, in Alexandria hatten die Mosaikkünstler die Böden mit unzähligen Tieren bevölkert: Leoparden tanzten mit Elefanten, mit Bären, Löwen und Pferden den orphischen Reigen. Das gesprenkelte Motiv – Plinius der Ältere im 1. Jahrhundert nach Christus nannte es «buntscheckige Haut» – war ein Wappen der Macht und der Wollust. Plinius meinte zu wissen, dass «diese Tiere in der Liebe sehr feurig» seien. Schon beim Anblick eines Leoparden sahen die Römer das Fell vor sich, auf dem sie sich mit einer Sklavin vergnügten.

Eintausendachthundert Jahre später begeisterten sich die romantischen Maler für Raubkatzen. In den Salons des Jahres 1830 entdeckte das Publikum der Restaurationszeit die Grausamkeit. Delacroix hatte die Raubkatzen des Atlasgebirges in den Hals des Pferdes verbissen gemalt. Wütende Bilder, mit viel Dampf und Muskeln, auf denen trotz des pastosen Farbauftrags Staub wirbelt. Die Romantik versetzte dem klassischen Ebenmaß eine heftige Ohrfeige. Delacroix war gleichwohl ein ruhender Tiger gelungen, der vor dem Blutbad seine Kräfte sammelte. Die Malerei öffnete sich der Brutalität – ein Gegenprogramm zu den einstigen Madonnen.

Jean-Baptiste Corot hat einen merkwürdig proportionierten Leoparden geschaffen, auf dem ein kindlicher Bacchus einer Frau entgegenreitet. Dieses wenig überzeugende Gemälde offenbart eine männliche Angstvorstellung. Dem Mann, dem vor allem Zweideutigen graut, ist es zuwider, wenn ein schnurrendes Ungeheuer mit einem Baby und einer üppigen Bacchantin seine Spielchen treibt. Denn die Frau ist gefährlich. Man kann sich gar nicht genug in Acht nehmen. Mit dem Leoparden zielte der Künstler auf die *fée fatale*, die Amazone mit Beinschienen, die grausame Venus! Bekanntlich machen die Fleischfresserinnen kurzen Prozess mit den Männern, man muss sich vor ihrer Schönheit hüten. Alexandre Dumas' Milady gehörte zu dieser Sorte. Eines Tages, von ihrem Schwager beleidigt, stieß sie «ein dumpfes Röcheln aus und wich bis in die Ecke des Zimmers zurück, wie ein Panther, der sich anstemmt, um seinen Sprung zu machen».

Der Melusinenmythos inspirierte das Fin de Siècle. Der Belgier Fernand Khnopff – teils den Träumen, teils dem Symbolismus verpflichtet – stellte 1896 auf einem verschlüsselten Gemälde mit dem Titel *Die Liebkosungen* einen Leoparden mit Frauenkopf dar, der sich an einen Liebhaber schmiegt. Der Junge ist schon ganz blass um die Nase, kaum wagt man, sich sein weiteres Schicksal auszumalen.

Die Präraffaeliten hatten die Raubkatze in ihr Geklecksse integriert. Flankiert von Leoparden, die auf Mannequins mit gesprenkeltem Fell reduziert waren, schritten Prinzessinnen im Negligé oder erschöpfte Halbgötter durch ein zuckriges Licht. Diese Maler zelebrierten allein die Schönheit des Motivs. Edmund Dulac oder Briton Rivière verwandelten das Tier in einen Bettvorleger für todschicke, gestrandete Träume.

Die Kraft des Tieres zog auch die Meister des Art déco in ihren Bann. Die Vollkommenheit seiner Gattung entsprach der Ästhetik von Muskel und Stahl. Paul Jouve spannte das Tier wie einen Bogen. Bei Paul Morand wurde der Leopard zur Waffe, besser noch, zu einem Bentley. Er verkörperte die perfekte Bewegung, ohne Mitleid, ohne Reibung. Anders als ein Jaguar zerschellte er nicht an Bäumen. Dank der bis ins Kleinste ausgefeilten Skulpturen von Rembrandt Bugatti und Maurice Prost verließ die Raubkatze das Labor der Evolution, nunmehr würdig, zu Füßen einer Brünetten à la 1930 zu liegen, die sich vor ihren kleinen spitzen Brüsten an einem Champagnerglas festhielt.

Hundert Jahre später prangt das «Leopardenmotiv» auf Handtaschen und Tapeten in Palavas-les-Flots. Jede Zeit hat ihre spezifische Eleganz, jede Epoche tut, was sie kann. Unsere sonnt sich in der Unterhose.

Munier war nicht unempfänglich für das Interesse der Künste an dem Tier. Er tat selbst alles dafür, die Raubtiere vor sein Objektiv zu bekommen. Phantasielose Geister warfen unserem Freund vor, der bloßen Schönheit, und nur ihr, zu huldigen. Fast ein Verbrechen in einer Epoche der Angst und Moralität. «Und die Botschaft dahinter?», fragte man ihn. «Und die Gletscherschmelze?» In Muniers Büchern schwebten die Wölfe in arktischer Leere, umschlangen die Mandschurenkraniche einander im Tanz, verflüchtigten sich Bären flockenleicht im Dunst. Keine an Plastiktüten erstickten Schildkröten, nichts als die Tiere in ihrer ganzen Schönheit. Und für einen Moment wähnte man sich im Garten Eden. «Man nimmt es mir übel, die Tierwelt zu ästhetisieren», verteidigte er sich.

«Aber die Katastrophe hat schon Zeugen genug! Ich jage der Schönheit nach, ich tue ihr gegenüber meine Pflicht. Das ist meine Art, sie zu schützen.»

Morgen für Morgen warteten wir in unserem Tal darauf, dass die Schönheit endlich die Champs-Élysées herabschritte.

Die erste Erscheinung

Wir wussten, dass er durch die Gegend streunte. Manchmal sah ich ihn: nein, doch nur ein Felsen, eine Wolke. Ich lebte in seiner Erwartung. Peter Matthiessen hatte bei seinem Aufenthalt in Nepal 1973 den Leoparden kein einziges Mal zu Gesicht bekommen. Wer ihn fragte, ob er ihm begegnet sei, bekam zur Antwort: «Nein! Und ist das nicht wunderbar?» Nein, keineswegs, *dear Peter*! Das war nicht «wunderbar». Mir wollte nicht einleuchten, weshalb man sich über eine Enttäuschung freuen sollte. Das war eine gedankliche Pirouette. Ich wollte den Leoparden sehen, schließlich war ich seinetwegen gekommen. Sein Erscheinen wäre meine Opfergabe an jene Frau, von der ich mich getrennt hatte. Und auch wenn meine Höflichkeit, sprich: meine Heuchelei, Munier in dem Glauben ließ, dass ich ihn allein aus Bewunderung für seine fotografische Arbeit begleitete, sehnte ich ja den Leoparden herbei. Ich hatte meine Gründe, sie waren persönlicher Art.

Unablässig suchten die drei Freunde die Gegend mit

dem Fernrohr ab. Munier konnte einen ganzen Tag damit verbringen, die Felswände Zentimeter für Zentimeter zu inspizieren. «Mir würde schon eine Urinspur auf einem Felsen reichen», sagte er. Am zweiten Tag nach unserer Ankunft in der Schlucht waren wir gerade auf dem Rückweg ins Lager der Tibeter, als wir ihn plötzlich sahen. Der Himmel streute noch ein schwaches Licht. Munier entdeckte ihn, in fünfhundert Meter Entfernung gen Süden. Er reichte mir das Fernrohr und beschrieb mir exakt die anzuvisierende Stelle, aber ich brauchte eine Weile, um sie ausfindig zu machen beziehungsweise zu verstehen, was genau ich sah. Dabei hatte dieses Tier etwas Direktes, Lebendiges und Massives – nur seine Gestalt war mir eben nicht geläufig. Das Bewusstsein braucht ein bisschen Zeit, um etwas zu akzeptieren, das es nicht kennt. Obwohl das Bild unmittelbar ins Auge dringt, verweigert der Geist seine Einwilligung.

Er lag im Gestrüpp verborgen, vor einem schon dunklen Felsvorsprung. Hundert Meter weiter unterhalb schlängelte sich der Bach durch die Schlucht. Man hätte einen Steinwurf entfernt vorbeigehen können, ohne ihn zu sehen. Es war eine religiöse Erscheinung. Noch heute umgibt die Erinnerung an diesen Anblick etwas Heiliges.

Er hob witternd den Kopf. Er trug das Wappen der tibetischen Landschaft. Sein Fell, Intarsien aus Gold und Bronze, gehörte dem Tag, der Nacht, dem Himmel und der Erde. In ihm spiegelten sich die Kämme, der Firnschnee, die Schatten der Schlucht und das Kristall des Himmels, der Herbst der Berghänge und die Artemisia-Sträucher, das Geheimnis der Gewitter und silbernen Wolken, das Gold der Steppen und das Leichentuch des Eises, der Todeskampf der Mufflons und das Blut der Gemsen. Er trug das Fell der Welt. War in Rollenvorstellungen gehüllt. Der Leopard, Genius der Schneelandschaft, hatte sich in die Erde gewandet.

Ich glaubte ihn in der Landschaft getarnt, doch es war die Landschaft, die bei seinem Erscheinen erlosch. Sobald mein Blick auf ihn fiel, wich in einer optischen Wirkung wie bei einem Ransprung im Film die Kulisse zurück und ging schließlich ganz in seinen Gesichtszügen auf. Aus diesem Gestein geboren, war er selbst zum Berg geworden, er drang aus ihm hervor. Er war da, und die Welt erlosch. Der Leopard verkörperte die griechische *Physis*, die lateinische *Natura*, der Heidegger eine religiöse Definition gegeben hatte, «als dasjenige, was von ihm selbst her aufgeht und so erscheint».

Kurzum: Eine große, gesprenkelte Katze kam plötzlich aus dem Nichts und nahm ihre Landschaft in Beschlag.

Wir blieben bis zur Nacht. Der Leopard döste vor sich hin, keinerlei Bedrohung ausgesetzt. Die anderen Tiere wirkten wie arme, der Gefahr ausgelieferte Geschöpfe. Das Pferd schlägt bei der kleinsten Bewegung aus, die Katze stürzt beim geringsten Geräusch davon, der Hund wittert einen unbekannten Geruch und schnellt unmittelbar hoch, das Insekt flieht in sein Versteck, der Pflanzenfresser fürchtet die Geräusche in seinem Rücken, und selbst der Mensch vergisst nie, beim Betreten eines

Raums in sämtliche Ecken zu spähen. Die Paranoia ist eine Bedingung des Lebens. Doch der Leopard war sich seiner absoluten Herrschaft gewiss. Er ruhte, in vollkommener Hingabe, unantastbar.

In meinem Fernglas sah ich, wie er sich streckte. Und wieder hinlegte. Er gebot über sein Leben. Er war die Quintessenz des Ortes. Allein seine Anwesenheit brachte seine «Macht» zum Ausdruck. Da die Welt seinen Thron bildete, füllte er dort, wo er war, den Raum. Er war Inbegriff des mysteriösen Konzepts vom «Körper des Königs». Ein wahrer Herrscher begnügt sich damit zu sein. Er erspart sich das Handeln und verzichtet darauf, sich sehen zu lassen. Seine Existenz allein begründet seine Autorität. Der Präsident einer Demokratie hingegen muss sich ständig zeigen und den Kreisverkehr regeln.

In fünfzig Meter Entfernung grasten ein paar unerschrockene Yaks. Glücklich, weil sie nicht wussten, dass ihr natürlicher Feind sich hinter den Felsen verbarg. Kein Beutetier könnte psychisch mit der Vorstellung einer permanenten Todesangst leben. Das Dasein ist erträglich, solange die Gefahr verdrängt wird. Die Lebewesen kommen mit Scheuklappen zur Welt.

Munier reichte mir das beste Fernglas. Ich starrte das Tier so lange an, bis mein Auge in der Kälte ganz trocken wurde. Seine Gesichtszüge liefen in Kraftlinien auf die Schnauze zu. Der Leopard wandte den Kopf und sah frontal zu uns herüber. Die Augen fixierten mich. Zwei Kristalle der Verachtung, glühend und eisig zugleich. Er erhob sich und reckte den Hals in unsere Richtung.

«Er hat uns gesehen», dachte ich. «Und jetzt? Wird er sich auf uns stürzen?»

Er gähnte.

So viel zur Wirkung des Menschen auf den tibetischen Leoparden.

Er kehrte uns den Rücken zu, streckte sich und verschwand.

Ich gab Munier das Fernglas zurück. Es war der schönste Tag meines Lebens, seit ich tot war.

«Dieses Tal ist nicht mehr das gleiche, jetzt, wo wir den Leoparden hier gesehen haben», sagte Munier.

Auch er war Royalist und glaubte an die Weihe des Ortes durch Seine Anwesenheit. Wir stiegen im Dunkeln wieder hinab. Ich hatte auf diesen Anblick gewartet, und er war mir gewährt worden. Nichts wäre mehr wie zuvor, an jenem, durch seine Gegenwart bereicherten Ort. Geschweige denn in mir.

Sich in die Raumzeit legen

Von nun an machten wir uns jeden Morgen an den Aufstieg, ohne uns weiter als sechs Kilometer vom tibetischen Lager zu entfernen. Wir wussten den Leoparden in der Nähe, wir sahen ihn ein weiteres Mal. Tag für Tag durchkämmten wir die Gebirgsrücken und mühten uns ab wie Jäger bei einer Safari. Wir marschierten, suchten nach Spuren, lauerten im Hinterhalt. Manchmal teilten wir uns in zwei Gruppen auf und berichteten uns gegenseitig über Funk. Wir gingen der geringsten Bewegung nach. Ein Schwarm Vögel konnte genügen.

«Letztes Jahr», erzählte Munier, «hatte ich schon die Hoffnung aufgegeben, den Schneeleoparden noch zu sehen. Ich war gerade dabei, meine Lauer abzubauen, als oben auf dem Kamm plötzlich ein Kolkrabe Alarm schlug. Also blieb ich doch, um ihn zu beobachten, und da tauchte der Schneeleopard auf. Der Rabe hatte mich auf ihn aufmerksam gemacht.»

«Was muss in der Seele vorgehen, dass man so einem

Geschöpf eine Kugel in den Kopf jagen kann?», fragte Marie.

«‹Die Liebe zur Natur› lautet das Argument der Jäger», erwiderte Munier.

«Man sollte keine Jäger ins Museum lassen», sagte ich. «Aus Liebe zur Kunst würden sie glatt einen Velázquez zerschlitzen. Aber aus Liebe zu sich selbst jagen sich nur die wenigsten eine Kugel in den Mund.»

An einem einzigen Tag sammelten wir Hunderte von Bildern für Maries Objektive, für Muniers Fotoplatten, für unsere Augen, zu unserer Erinnerung und Erbauung. Zu unserem Heil womöglich? Wer zuerst ein Tier sah, machte die anderen darauf aufmerksam. Sobald wir es erhaschten, breitete sich ein friedliches Gefühl in uns aus, waren wir wie elektrisiert. Aufregung und Glückseligkeit – widersprüchliche Empfindungen. Einem Tier zu begegnen steigert das Lebensgefühl. Das Auge erfasst ein Funkeln. Das Tier ist ein Schlüssel, es öffnet eine Tür. Dahinter das Unbeschreibliche.

Diese Stunden des Wachens bildeten das genaue Gegenteil zu meinem Rhythmus des Reisens. In Paris flatterte ich von einer Faszination zur nächsten. «Unsere übereilten Leben», hatte ein Dichter geschrieben. Hier in der Schlucht suchten wir die Landschaft ab, ohne mit einer Ausbeute rechnen zu können. Im Angesicht der Leere warteten wir schweigend auf einen Schatten. Das Gegenteil eines Werbeversprechens: Wir ertrugen die Kälte ohne jede Erfolgsgarantie. Das «alles, und zwar sofort» der modernen Epilepsie gegen das «wahrscheinlich nichts, und zwar nie» der Lauer. Was für ein Luxus, einen ganzen Tag lang auf das Unwahrscheinliche zu warten!

Ich schwor mir, nach meiner Rückkehr nach Frankreich die Lauer weiter zu praktizieren. Schließlich musste man sich dafür nicht auf 5000 Höhenmetern im Himalaya befinden. Das Wunderbare an dieser überall praktizierbaren Übung war, dass sie immer bereithielt, was man von ihr erwartete. Am eigenen Schlafzimmerfenster, auf der Terrasse eines Restaurants, in einem Wald oder am Wasser, in Gesellschaft oder allein auf einer Bank – es reichte, die Augen aufzumachen und zu warten, bis etwas auftauchte. Etwas, das man nie gesehen hätte, wenn man nicht auf der Lauer gelegen hätte. Und selbst wenn nichts geschah, hatte die Qualität der verstreichenden Zeit durch die geschärfte Aufmerksamkeit gewonnen. Die Lauer war eine Vorgehensweise. Warum nicht ein Lebensstil?

Die Kunst des Unsichtbarwerdens. Munier hatte sich dreißig Jahre lang darin geübt – eine Mischung aus Selbstauslöschung und Weltvergessenheit. Er hatte sich von der Zeit erbeten, was der Reisende sich vom Ortswechsel erhofft: einen Daseinsgrund.

Wir liegen auf der Lauer, der Raum zieht nicht mehr an uns vorüber. Die Zeit sorgt hin und wieder für Schattierungen. Ein Tier kommt: eine Erscheinung. Das Hoffen hat sich gelohnt.

Mein Gefährte hatte lappländischen Moschusochsen, Polarwölfen, Bären auf Ellesmere Island und Mandschurenkranichen aufgelauert. Während des tage- und nächtelangen Ausharrens im Schnee waren ihm Zehen abgefroren, doch er blieb stets den Grundsätzen der Scharfschützen treu: den Schmerz verachten, die Zeit ignorieren, niemals der Müdigkeit nachgeben oder am glücklichen Ausgang zweifeln, geschweige denn aufgeben, bevor das Ziel erreicht ist.

In den Kriegsjahren 1939/40 hatten Eliteschützen der finnischen Armee die sowjetischen Truppen in den Hochwäldern Kareliens trotz ihrer zahlenmäßigen Unterlegenheit in Schach halten können. Sie hatten ihre Technik der Jagd auf den Krieg angewandt. Eine Handvoll von ihnen hatte sich bei −30 °C in der Taiga verschanzt, um den Bolschwiken aufzulauern, den Zeigefinger am Abzug einer Präzisionswaffe, der meisterlichen M28. Sie kauten Schnee, um keinen Wasserdampf auszuatmen. Sie wechselten den Standort, legten sich in den Hinterhalt, jagten einem russischen Panzersoldaten eine Kugel in den Kopf, verschwanden wieder und feuerten aufs Neue – beweglich, unauffindbar, unberechenbar und folglich hochgefährlich. Sie hatten den Wald in eine Hölle verwandelt.

Der berühmteste von ihnen, Simo Häyhä, ein kleiner Soldat von einem Meter fünfzig, hatte in den eisigen Wäldern über fünfhundert Rotarmisten getötet. Man nannte ihn den «weißen Tod». Eines Tages wurde er von einem sowjetischen Scharfschützen getroffen. Das Geschoss aus einem russischen Mosin-Nagant M91/30 riss ihm den Kiefer weg, doch er überlebte die Verletzung, schwer entstellt.

Die finnischen Scharfschützen gaben sich unbeteiligt, hartnäckig und gleichmütig: Tugenden kalter Ungeheuer. Im Finnischen bedeutet das Wort *sisu* eine Kombination aus Beständigkeit und Widerstandsfähigkeit. Wie ließe sich dieser Begriff übersetzen? «Opferbereitschaft», «Selbstvergessenheit», «geistige Widerstandskraft»? Im Verzeichnis des menschlichen Heldentums verkörperte seit Kapitän Ahab, der seinem weißen Wal hinterherjagte, nur noch der finnische Scharfschütze so treffend die Gestalt des auf ein einziges Ziel konzentrierten Menschen.

Munier war so unsichtbar und geduldig wie ein finnischer Sniper. Er lebte im *sisu*. Doch er tötete nicht, hatte es auf niemanden abgesehen und war auch noch nicht von einem Sozialisten unter Beschuss genommen worden.

In der französischen Armee beherrschte das 13. Fallschirm-Dragoner-Regiment die Kunst der Tarnung. Auf feindlichem Gebiet spionierten sie Truppenbewegungen aus. Sie verschmolzen mit der Kulisse, produzierten keinerlei Müll, sonderten keinen Geruch ab und blieben tagelang auf dem Posten. In seinem Drillich, die Objektive turbanartig mit khakifarbenen Fetzen umwickelt, ähnelte Munier diesen Tannen-, Fels- und Mauermännern. Mit einem wesentlichen Unterschied: Tibetische Schneeleoparden und Polarwölfe verfügten über eine bessere sensorische Ausrüstung als die kriegerischen Mohammedaner.

Manchmal, wenn ich ausgestreckt neben Munier lag und mich im *sisu* übte, hing ich ganz blödsinnigen Gedanken nach: Ich stellte mir einen Fallschirmjäger vor, der auf einer Lichtung im Hinterhalt lag. Plötzlich tauchte ein

Liebespaar auf, das angesichts des einsamen Plätzchens ganz aufgeregt war: Der Herr machte sich über die Dame her – auf einem als Felsen getarnten Dragoner. Was für ein Schicksal für einen Kundschafter, der Staatsgeheimnisse aufzudecken versuchte. Munier erzählte mir nichts. Doch ich hatte ihn im Verdacht, Zeuge solcher Szenen geworden zu sein.

Einstweilen zog die Zeit vorüber, sonst niemand. Gelegentlich kreiste ein Bartgeier über uns, der auf unseren Tod spekulierte. Ein Wolf trottete umher, Schatten ohne Schamgefühl. Dann plötzlich ein Rabe, eine Pein im Gedächtnis des Himmels. Ein andermal streckte, charmant und verärgert, eine Pallaskatze den Kopf aus ihrem Versteck. Unser Verlangen, sie zu streicheln, schien sie wütend zu machen. Drei lange Tage suchten wir die Täler ab. Der Leopard konnte ein Felsen sein und jeder Felsen ein Leopard, es verlangte Gründlichkeit. Ich glaubte ihn überall zu sehen: auf einem Stück Gras, hinter einem Felsblock, in einem Schatten. Das Bild des Leoparden hatte von mir Besitz ergriffen. Es handelte sich um ein klassisches psychologisches Phänomen: Jemand, der einem nicht aus dem Sinn geht, ist omnipräsent. Daher lieben Männer, die an einer einzigen Frau interessiert sind, auch alle anderen, weil sie in der Vielfalt der Erscheinungen diese eine zu verehren suchen. Erzählen Sie das nur Ihrer Frau, die Sie ertappt hat: «Liebling, ich habe in allen anderen doch immer nur dich geliebt!»

Worte für die Welt

Munier litt am «Moby-Dick-Syndrom» in seiner fried-
fertigen, kontinentalen Variante. Er suchte keinen Wal,
sondern einen Leoparden, und er wollte ihn fotografieren,
nicht harpunieren. Doch in ihm brannte dasselbe Feuer
wie in Melvilles Held.

Während meine Freunde die Welt durch das Fernrohr
sezierten, lauerte ich auf einen Einfall – nein, schlimmer
noch! –, auf ein Bonmot. In jeder freien Minute schrieb
ich Aphorismen. Die Umstände waren schwierig, meine
rissigen Finger bluteten sofort. Ich hielt Jules Renards
Naturgeschichten für die schönste Würdigung, die ein mit
einem Notizbuch bewaffneter Mensch von der Natur zu
geben vermochte. Renard pries die Anmut der Welt mit
dem einzigen Werkzeug, das ihm zur Verfügung stand:
mit Worten. Seine Lehrbeispiele entwarfen ein anderes
Leben, erschufen das Volk der Gräser, des Himmels und
der Teiche neu. Er sah eine Spinne: «Die ganze Nacht hin-
durch bringt sie ... im Namen des Mondes ihre Siegel an»;

begegnete einer Küchenschabe: «Schwarz und haftend wie ein Schlüsselloch»; oder scheuchte eine Eidechse auf: «Urgezeugte Tochter des geborstenen Steines». Ich zwang mich zu glauben, dass diese Gedanken bereits ausformuliert ins Bewusstsein ihres Urhebers drangen. Wie bei einem Fotoapparat, der in der Lage war, selbsttätig seinen Verschluss auszulösen.

Jules Renard hatte Heckenlandschaften und Bilderbuchtiere beschrieben. Wozu hätte ihn die Welt von Munier, von Eis und von Wölfen, inspiriert? Auch ich versuchte mich an «Naturgeschichten». Ich las meinen Gefährten meine Aphorismen vor und erntete ein verlegenes Lächeln oder höfliche Anerkennung:

> *Gazelle*: die eilige Frau prescht heran, ein Gedanke des Genius loci.
>
> *Wildesel*: die Würde der Unverstandenen.
>
> *Mäander*: Die Chinesen haben ihre Nudeln den tibetischen Flüssen nacherfunden.
>
> *Gott*: hat den Leoparden als Löschpapier benutzt und seine Feder an ihm abgestreift.
>
> *Uhu*: Irgendwann geht die Sonne auf, um zu sehen, wer die ganze Nacht lang gesungen hat.

«Und der Mensch?», fragte Marie. «Hat er nicht das Recht auf einen Aphorismus?»

«Der Mensch?», sagte ich. «Gott hat gewürfelt, und er hat verloren.»

Der Pakt der Entsagung

Der Tag neigte sich dem Ende zu, wir würden unsere Lauer wieder abbauen. Der Mekong lag da wie ein vor Kälte erstarrter Fisch. Die Sonne ging unter, die Mäander waren aus Aluminium, der Schatten kletterte empor, berührte die Kämme und löschte einen Gipfel nach dem anderen aus. Nur ein paar Spitzen, die allerhöchsten, waren noch beleuchtet. Die Temperaturen sanken rasch: das große Erbarmen der Kälte und des Todes. Wer dachte an den Überlebenskampf der Tiere in der Nacht? Hatten sie alle einen Unterschlupf, wo sie bei −35 °C ausharren konnten? Wir stiegen hinab in die wohltuende Wärme.

«Der Ofen ruft!», schrie ich Leo zu.

In einer halben Stunde würden wir eine Tasse Tee in den Händen halten. Worüber hätten wir uns beschweren sollen?

Um die gleiche Zeit kehrte die Herde Hausyaks in das Barackenlager zurück. Wie das Vieh wurden auch wir von unserem Magen gesteuert. Trotz der hohen Meinung, die der Mensch von sich hat, endet er vor einem Suppenteller. Während wir hangabwärts auf den reglosen Fluss zustapften, dachte ich an die Beerdigung meiner Mutter. Wir waren wie vor den Kopf gestoßen an jenem Tag im Mai: Sie hatte sich ohne jeden Widerstand dem Tod ergeben. Niemand hatte sich auf das Unvermeidliche vorbereitet. Während des melkitischen griechisch-katholischen Gottesdienstes mit dem vor der Ikonostase aufgebahrten Sarg dachten manche von uns, dass das Leben nicht mehr zu ertragen sei und die Obszönität des Todes uns noch mitreißen werde. Doch die Stunden vergingen, und plötzlich hatten wir Hunger. Unvermittelt fand sich die am Boden zerstörte und vermeintlich untröstliche Gesellschaft einträchtig um einen Tisch im griechischen Restaurant versammelt, kaute gegrillten Fisch und trank genüsslich Retsina. Die Magendrüsen sind autoritärer als das für die Tränen zuständige Pendant, und der Appetit schien mir an jenem Tag den besten Trost für den menschlichen Schmerz zu spenden.

Ich suchte den Leoparden. Aber wen suchte ich wirklich? Das Grandiose an der Tierlauer: Man jagt einem Tier hinterher – und bekommt Besuch von der eigenen Mutter.

Die Landschaft war ein Fächer. Crèmefarbene Hänge schoben sich zwischen vom Schnee knittrige Hinterwelten. Der Schnee bestäubte die Faltungen, die Götter hüllten sich ein. Munier beschrieb diesen Sachverhalt nicht ganz so affektiert: «Der Schnee arbeitet wie ein Fotograf der Agentur Magnum, in Schwarzweiß.»

Zehn Blauschafe beflockten die Bergflanken. Sie flohen über die westlichen Steilhänge und lösten dabei einen Erdrutsch aus. Ihre Panik zerstörte die Ordnung. Zwang der Leopard sie dazu? Aus dem Lager schallten Geräusche herauf: ein Hämmern, das Brummen eines Generators, Hundegebell. Das Gebrüll der Tiere bebte durch das Tal. Die Kinder rannten hinter den Yaks her und trieben sie in die Gehege zurück, ließen sie wie Spielzeug in die Schlucht zurückkullern. Mit Farnwedeln dirigierten die knapp einen Meter hohen Knirpse die Tiere auf ihren Kurs. Der geringste Nackenstoß hätte ihnen den Bauch zerschlitzt, aber die riesigen Pflanzenfresser ließen sich willig von den kleinen Zweibeinern führen. Die Masse hatte sich unterworfen. Damals, im Fruchtbaren Halbmond, fünfzehntausend Jahre vor der Geburt des gekreuzigten Anarchisten, hatten die Menschen große Herden zusammengeschart. Und die Rinder hatten ihre Freiheit gegen die Sicherheit getauscht. Ihre Gene erinnerten sich an den Pakt der Entsagung. Er hatte die Tiere ins Gehege und die Menschen in die Stadt geführt. Ich gehörte zur Rasse der Menschen-Rinder: Ich lebte in einer Wohnung. Die Obrigkeit bestimmte über mein Tun und Lassen und griff selbst in meine kleinen Freiheiten ein. Im Gegenzug stellte man mir einen Abwasseranschluss und die Zentralheizung – das Heu gewissermaßen. Heute Nacht würden die Tiere in Frieden, sprich: in Gefangenschaft, wiederkäuen. Unterdessen würden die Wölfe die Dunkelheit erkunden, die Leoparden umherstreunen und die Mufflons an den Felswänden zittern. Welche Wahl haben wir?

Ein kärgliches Leben unter dem Sternenhimmel oder das behagliche Wiederkäuen mit unseresgleichen?

Wir befanden uns dreihundert Meter über dem Barackenlager. Die Steilfelsen mündeten in das Gefälle zum Mekong. Die Yaks wirkten wie Getreidekörner auf der Steppe. Der Rauch des Ofens färbte die Luft blau. Die Temperaturen fielen weiter, nichts rührte sich, das Universum schlief. Wir schlängelten uns zwischen den Bergvorsprüngen auf das Lager zu, als plötzlich ein Heulen ertönte. Kein Madrigal, ein Schrei der Verzweiflung. Sein Echo erschallte zehnmal, weit und traurig. Die Leoparden riefen einander, um den Fortbestand der gesprenkelten Spezies zu sichern. Woher kam ihr Gesang? Von den Ufern des Flusses oder aus den Grotten der Felswände? Das schmerzliche Maunzen erfüllte das Tal. Man musste seine Phantasie bemühen, um darin den Gesang der Liebe zu hören. Die Leoparden heulten und verschwanden. «Ich liebe und ich fliehe ihn», gestand Racines Bérénice, Königin der Leoparden. Ich stellte bereits eine These auf, wonach sich die Liebe in Relation zur Distanz zwischen den Liebenden bemaß und ein eingeschränkter Umgang die Gefühle erhielt.

«Ganz im Gegenteil», sagte Munier, als ich ihm meine Stammtischansichten unterbreitete. «Sie rufen, um sich zu finden. Sie treffen eine sorgfältige Wahl. Ihr Heulen ist genau aufeinander abgestimmt.»

Die Kinder des Tals

Immer wenn wir abends in die Baracken zurückkehrten, führten uns Gompas Schwestern an der Hand zum Ofen. Mit der Zeit würden sie die Gesten ihrer Mutter verinnerlichen, um sie an ihre eigenen Töchter weiterzugeben. Wir halfen ihnen beim Wassertragen nach asiatischer Art: zwei Eimer, rechts und links an einem Bambusrohr angebracht. Die Last war schwer für meinen kaputten Rücken. Jisso, die dreißig Kilo wog, verdross es nie, die zweihundert Meter zwischen dem Fluss und den Baracken zurückzulegen. Gompa ahmte mich nach, indem er das Gesicht verzog und gekrümmt vorwärtshinkte. Anschließend dösten wir in der Wärme des Raums vor uns hin. Der Buddha lächelte. Die Kerzen brannten geruchlos. Die Mutter schenkte den Tee ein. Der Vater erwachte in seinen Pelzen aus einem Nickerchen. Der Ofen bildete den Mittelpunkt. Drum herum die Familienaufstellung: Ordnung, Gleichgewicht, Sicherheit. Draußen war ein Kaugeräusch zu hören. Die Sklaventiere ruhten sich aus.

Er zeigte sich nicht mehr. Wir durchpflügten die Abhänge und erforschten die Höhlen. Wir trafen auf Füchse, Hasen, jede Menge Blauschafe, aber keinen Leoparden; über meiner Enttäuschung drehten die Bartgeier ihre Totenrunde.

Es galt, sich damit abzufinden. Hier hatte die Evolution nicht auf den Fortbestand durch die Vielzahl gesetzt. In den tropischen Ökosystemen breitet sich das Leben im Überfluss aus: Mückenschwärme, wimmelnde Gliederfüßer, Explosionen von Vogelarten. Das Leben ist kurz, schnell und austauschbar – ein Samendynamit! Die Natur macht an verschwenderischer Fülle wieder gut, was sie mit dem Verschlingen vergeudet. In Tibet gleicht die Langlebigkeit der Geschöpfe ihre Seltenheit aus. Die Tiere sind robust, individuiert und auf Langfristigkeit programmiert: Das Leben dauert. Die Pflanzenfresser mähen ein spärliches Gras. Die Geier durchschneiden eine leere Luft. Die Raubtiere kehren unverrichteter Dinge zurück. Sie werden ihre Angriffe zu einem späteren Zeitpunkt weiter weg wiederholen, andere Herden zersprengen. Manchmal stundenlang keine Bewegung, kein Atemzug.

Der Wind riss Schneeflechten von den Berghängen. Wir hielten durch. Das Prinzip des Wachens nimmt die Unbequemlichkeit in Kauf, in der Hoffnung, dass eine Begegnung sie rechtfertigen wird. Allein die Vorstellung, dass er da war und wir ihn gesehen hatten, dass er uns womöglich ebenfalls sah und jederzeit wiederauftauchen konnte, machte das Warten erträglich. Ich dachte daran, dass der in Odette de Crécy verliebte Swann in der *Suche nach der verlorenen Zeit* schon froh darüber war, sie in seiner Nähe zu wissen, auch wenn er ihr nie begegnen würde. Ich erinnerte mich dunkel an eine Passage, musste allerdings warten, bis ich wieder in Paris war, um sie zu finden und Munier vorzulesen. Marcel Proust hätte das Wesen unserer Lauer vollauf verstanden, sich bei Temperaturen um −20 °C in seinem Nerzmantel jedoch gewiss erkältet und Husten bekommen. Es genügte, für Odette «den Schneeleoparden» einzusetzen: «Selbst bevor er Odette dort sähe, ja selbst wenn es ihm gar nicht gelänge, sie dort zu sehen, welch Glück wäre es dennoch, den Fuß auf diesen Boden zu setzen, in dem er, obgleich er in jenem Augenblick den genauen Ort, an dem sie sich aufhielt, nicht kennen würde, doch überall die Möglichkeit ihres plötzlichen Erscheinens würde pulsieren fühlen.» Die Möglichkeit des Schneeleoparden pulsierte in den Bergen. Und wir verlangten nur von ihm, diese hoffnungsvolle Spannung für uns aufrechtzuerhalten.

An jenem Tag folgten mir die drei Kinder, angeführt von Gompa, dem jüngsten und unwiderstehlichsten. Sie kamen singend und tänzelnd auf mich zu, in ihren zerlumpten Jacken, die Haare im Wind. Zielsicher strebten sie die Felsblöcke an, hinter denen ich mich versteckt hatte. Sie machten all mein Bemühen um Unsichtbarkeit zunichte und entlarvten meine Tarnung als mangelhaft. In der Talsohle hatten sie aus fünfhundert Meter Entfernung mein Versteck ausgemacht! Sie ließen sich neben mir nieder, lebhaft und bezaubernd; von dieser Welt kannten sie nur ihr Tal und vom Leben nur ungetrübte Tage, sie verkehrten mit wilden Tieren und weisen Yaks. Mit acht Jahren wussten diese Knirpse, was Freiheit, Unabhängigkeit und Verantwortung bedeuteten; hatten sie eine Rotznase, ein verschmitztes Lächeln, einen Ofen als Ersatzmutter und in ihrer Obhut eine Herde von Riesen. Sie fürchteten sich vor dem Leoparden, trugen aber einen kleinen Dolch am Gürtel und hätten sich im Falle eines Angriffs zu verteidigen gewusst. Darüber hinaus beschworen sie ihre Ängste, indem sie ihre Lieder in die eisige Luft hinausplärrten. Sie brauchten keine Orientierungshilfe, sie kannten die Berge wie ihre Westentasche. Täglich begegneten sie den Verheißungen von Märschen, die sie auf Bergkämme mit freiem Blick bis zum Horizont führten. Sie entkamen der Niedertracht unserer europäischen Kindheiten: der *Pädagogik*, die den Kindern ihren Frohsinn nimmt. Ihre Welt hatte ihre Begrenzungen, die Nacht ihre Kälte, der Sommer seine Milde und der Winter sein Leid. Sie bevölkerten ein von Türmen gezacktes, von Bögen durchbrochenes und mit Felswänden bewehrtes Reich. Sie saßen nie vor einem Bildschirm, und vielleicht verhielt sich ihre Anmut proportional zu der fehlenden DSL-Technik? Munier, Marie und Leo, die sich am Fuß einer Felswand am rechten Ufer versteckt hatten, kamen zu uns herüber. So verzichteten wir nun auf jede Chance, den Leoparden zu überraschen, und plauderten bis zum Abend in den Felsen.

Munier zeigte den Kindern den Papierabzug eines Fotos, das er im Vorjahr aufgenommen hatte.

Im Vordergrund ein lederfarbener Falke, der auf einem
mit Flechten überzogenen Felsen saß. Ein Stück weiter
hinten, leicht nach links versetzt, hinter dem Umriss des
Kalksteins und für einen ungeübten Blick nicht zu sehen:
die auf den Fotografen gehefteten Augen eines Leoparden.
Der Kopf des Tieres war eins mit dem Felsen, das Auge
brauchte eine Weile, um ihn zu erkennen. Munier hatte
seine Brennweite auf das Gefieder des Vogels eingestellt,
ohne die leiseste Ahnung zu haben, dass der Leopard ihn
beobachtete. Erst als er zwei Monate später seine Fotos
genauer studierte, entdeckte er ihn. Er, der unfehlbare
Naturkenner, war zum Besten gehalten worden. Als er
mir das Foto zeigte, erkannte ich natürlich nichts anderes
als den Vogel, und mein Freund musste erst mit dem Finger auf den Leoparden deuten, damit ich bemerkte, was

sich meinem auf das Offenkundige fokussierten Blick nie von selbst erschlossen hätte. Aber nachdem ich das Tier gefunden hatte, verblüffte es mich jedes Mal wieder neu: Das Unvermutete war nun das Augenfällige. Dieses Foto barg seine Lehren. Zum einen stehen wir in der Natur unter Beobachtung. Zum anderen nehmen unsere Augen stets den Weg des geringsten Widerstands und bestätigen, was wir schon wissen. Kinder, die weniger stark konditioniert sind als Erwachsene, erfassen die Geheimnisse des Hintergrunds und der diskreten Anwesenheit.

Unsere kleinen tibetischen Freunde ließen sich nicht hinters Licht führen. Augenblicklich deuteten ihre Finger auf ihn. «Saâ!», brüllten sie. Nicht das Leben in den Bergen hatte ihren Blick geschärft, ihre Kinderaugen ließen sich einfach nicht von der Gewissheit des Gegebenen verleiten. Sie erkundeten die Randgebiete der Wirklichkeit.

Definition des Künstlerblicks: hinter den alltäglichen Wandschirmen die verborgenen Wildtiere sehen.

Die zweite Erscheinung

Ein zweites Mal sahen wir ihn an einem verschneiten Morgen. Wir befanden uns auf den Kalksteinkämmen an der südlichen Talmündung, über einem von Windböen zerfurchten Felsbogen. Schon im Morgengrauen hatten wir unseren Beobachtungsposten bezogen. Der Wind peitschte uns ins Gesicht.

Munier blieb stoisch, unverwandt an seine Okularmuscheln gepresst. Sein Innenleben nährte sich von der Außenwelt. Die Möglichkeit einer Begegnung betäubte jeden Schmerz in ihm. Tags zuvor hatte er mir von seinen engsten Freunden und Verwandten erzählt. «Sie halten mich für einen Neurotiker: Ich kann einen Kleiber betrachten, während um mich herum die wichtigsten Dinge passieren.» Ich entgegnete ihm, die Neurose sei ja im Gegenteil eine Folge der Diffraktion unserer informationsübersättigten Gehirne. Als permanent mit Neuigkeiten versorgter Gefangener der Stadt fühlte ich mich wie ein verminderter Mensch. Der Jahrmarkt war in vollem

Gange, die Wäscheschleuder drehte sich, die Bildschirme flimmerten. Nie stellte ich mir die Frage, was denn den Flug der Schwäne weniger interessant machen sollte als die Tweets von Donald Trump.

In den Stunden der Lauer tauchte ich zu meiner Stärkung in Erinnerungen ab. Ich versetzte mich ein Jahr zurück, an die Strände der Straße von Mosambik, dachte an ein Gemälde im Museum von Le Havre oder vergegenwärtigte mir ein geliebtes Gesicht. Dann hielt ich diese Bilder in mir wach. Sie waren unbeständig wie Funken im Regen. Der Geist schweifte ab, während er ins Windlicht starrte – das war kein tiefgehendes Grübeln. Irgendwie verging die Zeit, trotz der Unbequemlichkeit. Und später, wenn die Sonne die Welt beschien, zerrannen diese Visionen.

Am anderen Ufer hatten sich direkt gegenüber auf gleicher Höhe Blauschafe im Tal eingefunden. Die Sonne stieg hinter den Bergkämmen auf, und im selben Moment wandten sich alle Tiere dem Licht zu. Wenn die Sonne Gott war, musste er die Tiere für frommere Gläubige halten als die unter Neonröhren zusammengepferchten, für seine Herrlichkeit unempfänglichen Menschen.

Der Leopard erschien auf dem Kamm. Strebte hangabwärts auf die Blauschafe zu, dicht am Boden, mit schleichenden Schritten – jeder Muskel war beteiligt, jede Bewegung kontrolliert, eine perfekte Mechanik. Die Massenvernichtungswaffe pirschte sich gemessen an das Opfer der Morgenfrühe heran. Sein Körper strich um die Felsblöcke. Die Blauschafe sahen ihn nicht. Auf der Jagd nutzt der Leopard die Taktik des Überraschungsmoments. Zu schwer und außerstande, seine Beute im Laufen einzuholen (schließlich ist er kein Gepard in der afrikanischen Savanne), vertraut er ganz auf die Tarnung, nähert sich seinen Opfern gegen den Wind und setzt aus mehreren Metern zum Sprung an. Beim Militär heißt diese Angriffstaktik, die von der Entfesselung und Unvorhersehbarkeit lebt, «fulgurance», Gedankenblitz. Im Erfolgsfall bleibt dem Feind, selbst wenn er in der Überzahl oder deutlich stärker ist, keine Zeit zur Verteidigung. Überrascht – und schon besiegt.

An jenem Morgen scheiterte der Angriff. Ein Blauschaf bemerkte den Leoparden, zuckte zusammen und warnte so die ganze Herde. Zu meinem Erstaunen flohen die Bharals aber nicht, sondern wandten sich der Raubkatze zu, um ihr zu bedeuten, dass sie entdeckt war. Das schützte die Gruppe: die Bedrohung zu bewachen. Die Lektion der Blauschafe: Der schlimmste Feind ist derjenige, der sich versteckt hält.

Der Leopard war enttarnt, er hatte ausgespielt. Er durchquerte das Tal unter den Blicken der Bharals, die ihn nicht aus den Augen ließen und lediglich ein paar Dutzend Meter zurückwichen, um ihn vorbeizulassen. Bei der geringsten Regung der Raubkatze würden die Pflanzenfresser auf dem Geröll auseinanderstieben.

Die Unze teilte auf ihrem Weg die Herde, erklomm die Felsblöcke, erreichte den Berggrat, zeichnete sich ein letztes Mal als Umriss vor dem Himmel ab und verschwand auf der anderen Seite des Kamms. Leo, einen Kilometer von unserem Posten entfernt, sah sie nun in einer weiter nördlich gelegenen Faltung in seinem Fernrohr, als würden wir uns den Staffelstab weiterreichen. Über Funk flüsterte er uns ein paar Satzfetzen zu:

«Jetzt steht er auf der Kammlinie ...

Er klettert an der Felswand hinunter ...

Er durchquert das Tal ...

Jetzt legt er sich hin ...

Steht wieder auf ...

Er läuft am anderen Ufer bergauf ...»

Wir warteten noch den ganzen Tag und lauschten diesem Gedicht, in der Hoffnung, das Tier möge auf unseren Abhang zurückkehren. Es bewegte sich langsam, es hatte das ganze Leben vor sich. Wir hatten unsere Geduld. Und brachten sie ihm dar.

Gegen Abend sahen wir den Leoparden noch einmal in den Maschikulis, den Zinnengängen oben auf dem Kamm. Er lag ausgestreckt, rekelte sich, erhob sich und ging mit wiegenden Schritten davon. Sein Schwanz peitschte die Luft und verharrte in einem Fragezeichen: «Werde ich trotz des Vormarschs eurer Republiken mein Reich verteidigen können?» Dann war er weg.

«Sie verbringen einen Großteil ihrer acht Lebensjahre damit zu schlafen», sagte Munier. «Sie jagen, sobald sich eine Gelegenheit bietet, schlagen sich den Bauch voll und halten anschließend bis zu einer Woche durch.»

«Und die restliche Zeit?»

«Meist dösen sie vor sich hin. Manchmal zwanzig Stunden am Tag.»

«Träumen sie?»

«Wer weiß.»

«Und betrachten sie die Welt, wenn sie ins Weite starren?»

«Ich glaube, ja», sagte er.

Oft beobachtete ich in den Calanques von Cassis die Seemöwenschwärme und fragte mich, ob die Tiere wohl die Landschaft anschauten. Still und stolz hielten sich die herausgeputzten weißen Vögel über der untergehenden Sonne am Himmel. Nie waren sie schmutzig – blütenweiße Hemdbrust, perlmuttschimmerndes Gefieder. Ohne einen Flügelschlag durchschnitten sie die Luft und schwebten über die atmosphärischen Schichten, während sich der Horizont rötlich färbte. Sie jagten nicht. Sie fanden sich vor dem Schauspiel ein und widersprachen so dem Dogma von ihrer ausschließlichen Unterwerfung unter die Überlebensmechanismen. Noch der größte Rationalist hätte diesen Tieren nicht den «Sinn für das Schöne» absprechen können – wenn wir die herrliche Gewissheit, sich lebendig zu fühlen, so nennen wollen.

Der Leopard wechselte zwischen fleischgierigen Raubzügen und wohligen Nickerchen. Sobald er satt war, streckte er sich auf den Kalksteinplatten aus, und ich verdächtigte ihn, von Ebenen mit duftendem Fleisch zu träumen, wo er nur zum Sprung ansetzen musste, um sich seinen Anteil zu holen.

Der Anteil der Tiere

Auf diese Weise umfasste der Leopard in seinen acht Lebensjahren ein volles Dasein: der Körper für die Freude, die Träume für den Ruhm. Jacques Chardonne resümierte die Aufgabe des Menschen in *Le ciel dans la fenêtre* so: «Mit Würde im Ungewissen leben.»

«Eine Definition für den Leoparden!», sagte ich zu Munier.

«Vorsicht!», sagte er. «Man kann davon überzeugt sein, dass die Tiere die Sonne, das Blutvergießen und ihre ausgedehnten Nickerchen genießen, man kann ihnen auch – und da bin ich der Erste – vielschichtige Gefühle zugestehen, aber keinesfalls eine Moral.»

«Eine menschliche, allzu menschliche Moral?», fragte ich.

«Das ist nichts für sie», sagte er.

«Laster und Tugend?»

«Gehen sie nichts an.»

«Scham nach dem Gemetzel?»

«Undenkbar!», mischte sich Leo ein, der Bücher darüber gelesen hatte.

Er erinnerte uns an Aristoteles' Gedankenblitz: Jedes Tier verwirklicht seinen Anteil am Leben und an der Schönheit. In seiner Schrift *De partibus animalium* definierte der Philosoph in diesem einen Satz die Anlage der wilden Tiere. Aristoteles beschränkte sie auf die vitalen Funktionen und eine Vollkommenheit der Form jenseits aller Moral. Die Einsicht des Philosophen war vortrefflich: reiflich überlegt, elegant formuliert und wirkungsvoll – griechisch eben! Die Tiere nehmen den ihnen zustehenden Platz ein und respektieren die von den tastenden Versuchen der Evolution errichteten Schranken. Macht des Gleichgewichts. Jedes einzelne bildet einen Bestandteil im System der Ordnung und Schönheit. Ein Juwel in der Krone. Auch wenn sich das Diadem erst vom Blut reinwaschen muss. Moral ist in den Verordnungen der Evolution nicht vorgesehen, so wenig wie die Grausamkeit der Fressorgien. Die Moral war eine Erfindung des Menschen, der sich etwas vorzuwerfen hatte. Das Leben ähnelte einer Partie Mikado, und der Mensch war zu grob für dieses knifflige Spiel. Er hatte sich mit einer nicht jederzeit notwendigen Gewalt auf das Überleben seiner Art gestürzt und wie nebenbei die selbstgeschaffenen rechtlichen Rahmenbedingungen gesprengt.

«Jedes Tier gibt seinen Teil am Tod», hätte Aristoteles hinzusetzen können. Dreiundzwanzig Jahrhunderte später bestätigte Nietzsche dieses Postulat in *Menschliches, Allzumenschliches*: «Und das Leben ist nun einmal nicht von der Moral ausgedacht.» Nein, es war vom Leben selbst mit seinem Imperativ zur Expansion ausgedacht worden. Die Tiere aus unserem Tal und aus der bekannten Welt lebten jenseits von Gut und Böse. Sie dürsteten weder nach Stolz noch nach Macht.

Ihre Gewalt war keine Wut, ihre Jagden waren keine Razzien.

Der Tod war nichts als eine Mahlzeit.

Das Yakopfer

«Ich habe zweihundert Meter oberhalb des Weges eine Grotte gefunden. Da können wir biwakieren, sie öffnet sich auf den östlichen Abhang hin und ist der beste Platz überhaupt.»

Mit diesen Worten hatte Munier uns eines Morgens, eine Woche nach unserer Ankunft im Tal, geweckt. In der Baracke war es eisig kalt, Leo zündete den Ofen an. Wir kochten Tee, um wach zu werden, und packten unsere Marschausrüstung, um die kommende Nacht zu überstehen: Fotoausrüstung, Ferngläser, Schlafsäcke für Temperaturen von –30 °C, Proviant und meine Ausgabe des *Dàodéjīng*.

«Wir bleiben zwei Tage und zwei Nächte da oben. Wenn er kommt, ist die Grotte der perfekte Balkon.»

Wir stiegen über einen senkrecht zur Schlucht verlaufenden Talweg auf. Es dauerte eine Weile, bis wir in der grauen Luft die Steilhänge erreicht hatten. Meine Freunde plagten sich. Leo trug fünfunddreißig Kilo, aus seinem Gepäck ragte das riesige Fernrohr. Auch die Metaphysiker waren demnach zu körperlichen Anstrengungen fähig, dachte ich. Marie verschwand unter einer Last, die größer war als sie selbst. Ich hingegen trug wieder einmal nichts und kam mir vor wie ein von Dienern flankiertes Schaukelmännchen. Doch nicht mein Faible für koloniale Karawanen ersparte mir die Anstrengung, sondern meine lädierten Rückenwirbel.

«Da, eine dunkle Masse!», rief Marie.

Der Yak rang mit dem Tod. Er lag röchelnd auf der linken Seite. Wenn er atmete, überzog der Wasserdampf seine Nüstern mit einem weißen Flaum. Er würde in dieser Schlucht verenden. Vorbei das Traben in der heiteren Sonne. Die Fangzähne des Leoparden hatten seinen Hals durchbohrt, Blut rann in den Schnee. Das Tier zitterte.

So jagen die Leoparden: Sie springen ihrer Beute auf den Rücken und lassen nicht mehr locker. Das attackierte Tier flieht mit dem Raubtier an der Kehle hangabwärts, bis der wilde Lauf mit einem Sturz beider, von Jäger und Beute, endet. Die zwei kollern Böschungen hinab, fallen Steilhänge hinunter, prallen auf Felsen. Manchmal brechen sich die Raubkatzen bei diesen Jagdpartien das Rückgrat. Diejenigen, die überleben, hinken auf ewig. Die Skyther hatten auf ihren goldenen Gewandspangen das Motiv des *Leoparden auf dem Rücken seiner Beute* dargestellt – als unentwirrbaren Wirbel von Muskel und Fell, als Tanz von Angriff und Flucht, der gängigsten Konsequenz der Begegnung zweier Lebewesen.

Der Leopard hatte uns gehört. Zweifellos beobachtete

er uns von seinem Versteck in den Felsen, in der Befürchtung, die Zweibeiner – die übelste Gattung überhaupt – könnten ihm seine Beute wegschnappen. Doch er täuschte sich, denn Munier hegte raffiniertere Absichten, als sich das Zubrot eines Fleischfressers zu holen. Der Yak war tot.

«Wir legen ihn zehn Meter weiter weg, genau in die Blickachse unserer Grotte», sagte Munier. «Wenn der Leopard zurückkommt, sind wir direkt mit dabei!»

Am Abend befanden wir uns alle auf dem Posten: Der Yak im Gras und wir übereinandergestaffelt in der mehrgeschossigen Grotte. «Eine Maisonettewohnung!», hatte Leo gesagt, als wir die von einem dreißig Meter hohen Vorsprung getrennten, übereinandergelegenen Aushöhlungen entdeckten. Marie und Munier hatten die untere Grotte bezogen (die Suite Impériale), Leo und ich die obere (die Dépendance), und der Yak ruhte zweihundert Meter weiter unten (im Kellergeschoss).

Die Angst vor der Dunkelheit

Wie oft mag ich nachts wohl schon in einer Grotte biwakiert haben? In der Provence, in den Alpes-Maritimes, in den Wäldern der Île-de-France, in Indien, in Russland oder in Tibet, ob auf Granitvorsprüngen, in nach Feigenbäumen duftenden Höhlen, in Vulkanspalten oder Sandsteinnischen. Beim Eintreten hatte ich stets das Gefühl eines heiligen Augenblicks: den Ort ganz aufnehmen. Niemanden stören. Manchmal hatte ich Fledertiere oder Tausendfüßler aufgeschreckt. Das Ritual war unabänderlich: den Boden ebnen und seine Sachen in einer windgeschützten Ecke verstauen. Die Grotte, die ich soeben mit Leo bezogen hatte, war einmal bewohnt gewesen. Der Boden war sauber, die Decke rußgeschwärzt, und ein Steinkreis zeugte von einer Feuerstelle. Diese Höhlen hatten in den kläglichen Anfängen der Menschheit deren geographische Matrix gebildet. Sie waren sämtlich bewohnt gewesen, bis der Wind der Neolithischen Revolution den Menschen aus dem Unterschlupf trieb. Daraufhin hatte er sich zerstreut, den Schlamm fruchtbar gemacht, die Herden domestiziert, einen einzigen Gott erfunden und mit der kontrollierten Aufteilung der Erde begonnen, um zehntausend Jahre später endlich die Erfüllung der Zivilisation zu finden: Verkehrsstaus und Fettleibigkeit. Man könnte den Gedanken B139 von Blaise Pascal abwandeln – «Das ganze Unglück des Menschen kommt aus einer einzigen Ursache: nicht ruhig in einem Zimmer bleiben zu können» – und stattdessen befinden, dass das Unglück der Welt in dem Moment begann, als der erste Mensch die erste Höhle verließ.

In den Grotten vernahm ich das magische Echo einer jahrtausendealten Aura. Die gleiche Frage beim Betreten eines Kirchenschiffs: Was mochte sich hier zugetragen haben? Wie liebte man sich wohl unter einer gewölbten Decke? Möglicherweise haben sich lange zurückliegende Gespräche den Felsen eingeprägt, so wie die Psalmen der Vesper in den Kalkstein der Zisterzienser gesickert sind.

Beim Biwakieren damals in der Provence spöttelten meine Kameraden über derlei Betrachtungen. Sie kicherten in ihre Schlafsäcke: «Du entwickelst gerade eine sexuelle Störung, mein Lieber! Diese Höhlenforschung entspringt doch nur deiner Sehnsucht nach dem Feuchten! Du bist ein Fall für die Psychoanalyse!» Sie gingen mir mit ihren Sarkasmen auf die Nerven.

Ich liebte die Grotten als Beispiele einer unvordenklichen Architektur, bei der Wasser und chemische Verwitterung allmählich ein Loch in die Felswand gegraben hatten, um uns Wanderern etwas angenehmere Nächte zu ermöglichen.

Leo und ich brachten ein Mufflongehörn auf einem Felsblock am Eingang der Grotte an, und dieses Totem des Todes und der Macht schützte die Öffnung. Leo kümmerte sich um die Justierung der Geräte. Von unserer Position aus war direkt weiter unten der Yak zu sehen. Das Warten konnte beginnen. Ein Bartgeier schwebte über uns, die Flügel weit aufgespannt, als wollte er die beiden Talufer überbrücken. Das Halbdunkel kroch die Schlucht empor, die Kälte vertiefte die Stille, und ich begriff angesichts der nächsten Stunden, was es bedeutete, bei −30 °C kein Innenleben zu haben; gleichzeitig verfluchte ich mein Redebedürfnis, denn die Stille war uns auferlegt. Leo machte sich ausnehmend gut in der Rolle der Statue. Er rührte sich kaum und suchte unmerklich das Gelände mit dem Fernrohr ab. Irgendwann verzog ich mich in den hinteren Teil der Grotte. Mit dem Fausthandschuh schlug ich meine Ausgabe des *Dào* auf: *Handle, ohne etwas zu erwarten.* Ich fragte mich, ob nicht schon das Warten Handeln sei. War die Lauer nicht eine Form des Handelns, weil sie den Gedanken und der Hoffnung freien Lauf ließ? In diesem Fall hätte das *Dào* empfohlen, vom Warten nichts zu erwarten – ein Gedanke, der mir beim derzeitigen Sitzen im Staub eine Hilfe war. Das *Dào* hat den Vorteil, dass es sich kreisförmig im Kopf dreht und einen sogar im Dämmerlicht eines felsigen Eisschranks auf 4800 Höhenmetern ausgiebig beschäftigt. Plötzlich näherte sich eine Gestalt: Leo kam nach hinten zu mir in die Grotte.

In weiter Ferne grasten die Yaks am Hang. Gelegentlich rutschte einer von ihnen auf dem Firnschnee aus, und seine riesige Fellmasse schlitterte meterweit hangabwärts. Ob diese imposanten Wächter wussten, dass sie erst eine Stunde zuvor einen der ihren verloren hatten? Zählten sie einander, diese armen Nummern der zum Opfer der Raubtiere Verurteilten?

Es wurde dunkel, der Leopard kam nicht wieder, wir knipsten unsere Stirnlampen mit dem Rotfilter an, den man während der Nachtschichten auf den Schiffen der Marine nationale benutzte, um weithin unsichtbar zu bleiben. Mir gefiel die Vorstellung, auf der Brücke einer Galeone der Stille durch eine Nacht voller betriebsamer Leoparden zu steuern.

Die Kinder brachten die Herde zurück nach Hause, Geschrei drang zu uns herauf, es war stockdunkel. Auf dem gegenüberliegenden Steilfelsen, am anderen Ufer, hielt ein Uhu Wache. Sein Ruf verkündete die Eröffnung der Jagd. «U-hu! Schlaft nur, große Pflanzenfresser, und versteckt euch!», sagte der Uhu. «Die Raubvögel werden losfliegen, die Wölfe hervorkommen und mit geweiteten Pupillen durch die Dunkelheit stromern, und früher oder später erscheint der Leopard und gräbt sein Maul in eure Bäuche.»

Im Gebirge ist das Bemühen des Himmels willkommen, am frühen Morgen die Spuren der nächtlichen Orgien unter einer Schneeschicht zu verbergen.

Abends um acht kehrten Marie und Munier bei uns ein. Auf einem schwach flackernden Gaskocher bereitete Leo die Suppe zu. Wir redeten über das Leben in den Grotten, über die vom Feuer besiegte Angst, über das aus den Flammen geborene Gespräch, über die zu Kunst verwandelten Träume, den zum Hund gewordenen Wolf und über die Kühnheit des Menschen, die Linie überschreiten zu wollen. Munier erinnerte außerdem an die menschliche Entschlossenheit, sich später von sämtlichen anderen Naturreichen für die Qualen der paläolithischen Winter entschädigen zu lassen. Dann zogen sich alle wieder in ihre Grotte zurück.

Wir schlüpften in unsere Schlafsäcke. Wenn der Leopard in der Nacht käme, würde er trotz der Kälte unseren Geruch wittern. Man musste sich mit dieser deprimierenden Vorstellung abfinden: «Die Erde riecht nach dem Menschen.»

«Leo?», flüsterte ich, bevor ich meine Lampe löschte.

«Ja?»

«Statt seiner Frau einen Pelzmantel zu schenken, zeigt Munier ihr einfach gleich das Tier, das ihn trägt.»

Die dritte Erscheinung

Mit dem ersten Licht krochen wir aus unseren Säcken. Es hatte geschneit, das Tier lag neben dem Yak, mit blutroten Lefzen und weiß bestäubtem Fell. Es war vor dem Morgengrauen wiedergekommen und schlief nun mit schwerem Bauch. Sein Fell glich bläulich schimmerndem Perlmutt. Nicht von ungefähr nannte man ihn Schneeleopard: Er näherte sich leise wie Schnee und stahl sich, eins mit dem Felsen, auf samtenen Pfoten davon. Er hatte dem Tier die Schulter zerfetzt, den Löwenanteil. Ein zinnoberrotes Loch klaffte im schwarzen Haarkleid des Yaks. Der Leopard hatte uns gesehen. Er hob den Kopf, als er sich auf die Seite wälzte, und wir begegneten seinem Blick: kalte Glut. Seine Augen sagten: «Wir können uns nicht lieben, ihr seid nichts für mich, euer Geschlecht ist jung, das meine jahrtausendealt. Das eure verbreitet sich und bringt das Gedicht aus dem Gleichgewicht.» Sein blutverschmiertes Gesicht war die Seele der uranfänglichen Welt, wechselnd zwischen Finsternis und Morgenröte.

Der Leopard wirkte nicht beunruhigt. Vielleicht hatte er zu hastig gefressen. Er nickte regelmäßig ein. Sein Kopf ruhte auf den Vorderbeinen. Wenn er aufwachte, sog er die Luft ein. Ein Satz, den ich in *Geheimer Bericht* von Pierre Drieu la Rochelle so geliebt hatte, hämmerte mir im Kopf, und hätte die Nähe des Tieres uns nicht absolute Stille geboten, wäre ich versucht gewesen, ihn über Funk Munier zu rezitieren und ihm zu sagen, wie erbärmlich er mir inzwischen vorkam: «... ich wusste, dass es in mir etwas gab, das nicht ich war und das sehr viel kostbarer war als ich». Ich drehte die Formulierung in Gedanken um: «Es gibt außerhalb von mir etwas, das nicht ich bin, das nicht der Mensch ist und das sehr viel kostbarer ist, ein Schatz jenseits des Menschlichen.»

Er blieb noch bis zehn Uhr morgens. Zwei Bartgeier patrouillierten, ob es Neues gab. Ein Kolkrabe malte eine Linie in den Himmel: ein flaches Enzephalogramm.

Ich war wegen der Unze hierhergekommen. Und sie war da, schlief ein paar Dutzend Meter von mir entfernt friedlich vor sich hin. Diese Frau der Wälder, die ich damals, als ich ein anderer war, geliebt hatte, bevor mich der Sturz von einem Dach 2014 in die Knie zwang, hätte sicherlich Einzelheiten bemerkt, die ich nicht sah; sie hätte mir die Gedanken des Leoparden erklärt. Ihretwegen betrachtete ich das Tier mit aller Kraft. Die Intensität, mit welcher man sich zwingt, die Dinge zu genießen, ist ein Gebet an die Abwesenden. Sie wären gern dabei gewesen. Um ihretwillen beobachten wir den Leoparden. Dieses Tier, flüchtiges Traumbild, war das Totem der Verschwundenen. Meine verstorbene Mutter und die Frau von den Waldwegen: Jede Erscheinung hatte sie mir zurückgebracht.

Er erhob sich, verschwand hinter einem Felsen und erschien erneut auf dem Abhang. Sein Fell vereinigte sich mit dem Gebüsch, hinterließ einen Schweif: *poikilos*, das griechische Wort für die gesprenkelte Haut der Raubkatze. Aber auch für das Schillern des Gedankens. Die Unze bewegt sich im Dädalischen Labyrinth wie das heidnische Denken, schwer greifbar, mit pochendem Herzen, im Einklang mit der Welt, stolzgeschwellt. Ihre Schönheit vibriert in der Kälte. Hoch gespannt zwischen den toten Dingen, friedlich und gefährlich, männlich mit einem weiblichen Namen, zweideutig wie die erhabenste Dichtung, launisch und unbequem, bunt gescheckt und marmoriert, *poikilos*: die Unze, der Leopard.

Das Schillern verschwand endgültig, der Schneeleopard hatte sich verflüchtigt. Im Funkgerät knisterte es:

«Habt ihr ihn?», fragte Munier.

«Nicht mehr», antwortete Leo.

Im Einverständnis mit der Welt

Das Tagwerk der Lauer begann. Im Süden des Libanons, mitten im Distrikt Sidon erhebt sich eine der Heiligen Jungfrau Maria geweihte Kapelle: Notre-Dame de l'Attente, Unsere Liebe Frau des Wartens. Ich taufte unsere Grotte auf diesen Namen. Und Leo war ihr Domherr. Bis zum Abend suchte er hinter dem Fernrohr minuziös das Gebirge ab. Vermutlich machten es Munier und Marie in der unteren Nische genauso; es sei denn, sie füllten die Stunden anders. Hin und wieder kroch Leo auf allen vieren ins Innere der Höhle und trank einen Schluck Tee, bevor er auf seinen Wachposten zurückkehrte. Munier hatte sich über Funk bei uns gemeldet. Er glaubte, dass der Leopard die Schlucht durchquert und die Felsterrassen auf dem gegenüberliegenden Abhang erreicht hatte: «Er wird sich jetzt ausruhen, aber sicher ein Auge auf der Beute behalten, beobachtet also die Felsblöcke auf gleicher Höhe gegenüber.»

Diese Stunden waren unsere Schulden, die wir bei der

Welt beglichen. Ich wohnte in dieser Gondel zwischen Tal und Himmel und erforschte das Gebirge. Saß mit gekreuzten Beinen und ließ die Blicke über die Landschaft hinter meinem dampfenden Atem schweifen. Ich, der sich vom Reisen so viele Überraschungen versprochen hatte («ich zog in der Welt umher; verschrieb mich toll dem Wechsel und der Laune»), begnügte mich nun mit einem hübsch gerahmten eisigen Berghang. War ich zum *wúwéi*, der chinesischen Kunst des Nichthandelns, konvertiert? Nichts ist besser als dreißig Grad unter null, um sich dieser Art von Philosophie zu unterwerfen. Ich erhoffte mir nichts, ich handelte nicht. Die geringste Bewegung jagte mir einen kalten Luftzug über den Rücken, der schwerlich zu größeren Unternehmungen animierte. Natürlich: Wäre plötzlich ein Leopard aufgetaucht, hätte ich mich unbändig gefreut; aber es regte sich nichts, und ich verspürte in diesem winterlichen Wachschlaf keinerlei Enttäuschung. Die Lauer war eine Übung aus Asien. In diesem Warten auf eine der Formen des Einzigartigen steckte das Dào. Auch eine Lehre aus der hinduistischen *Bhagavad Gita*, die Negierung des Begehrens. Das Erscheinen des Tiers hätte nichts an meiner inneren Verfassung geändert. «Bleib unberührt von Erfolg wie von Misserfolg», beruhigte uns Krishna im 2. Gesang.

Und da die Gedanken in der offenen Zeit so dehnbar waren, deutete ich diese Wissenschaft der Lauer, mit der Munier mich vertraut gemacht hatte, als Gegengift für die Epilepsie meiner Epoche. Im Jahr 2019 war die im Werden begriffene Cyborg-Menschheit mit der Wirklichkeit nicht mehr einverstanden, sie begnügte und vertrug sich nicht mit ihr, wusste sich nicht mehr auf sie einzustellen. Hier, in Unserer Lieben Frau des Wartens, erbat ich mir von der Welt eine Zusage für das Bestehende.

Zu Beginn dieses 21. Jahrhunderts machten wir acht Milliarden Menschen uns die Natur mit Leidenschaft untertan. Wir erschöpften die Böden, versauerten das Wasser und verpesteten die Luft. Ein Bericht der Zoological Society of London schätzte den Anteil der innerhalb von fünf Jahrzehnten verschwundenen wildlebenden Arten auf 60 Prozent. Die Welt wich zurück, das Leben verkroch sich, die Götter versteckten sich. Die Menschheit war wohlauf. Sie schuf die Bedingungen für ihre eigene Hölle und schickte sich an, die Zehn-Milliarden-Grenze zu sprengen. Die größten Optimisten freuten sich über die Aussicht eines von vierzehn Milliarden Menschen bevölkerten Erdballs. Beschränkte sich das Leben tatsächlich auf die Befriedigung unserer reproduktiven Bedürfnisse, war die Perspektive durchaus ermutigend: Wir würden in unseren mit WLAN-Anschluss ausgestatteten Betonwürfeln kopulieren können und Insekten essen. Doch gestünde man unserem Übergangsdasein auf Erden seinen Anteil an Schönheit zu und wäre das Leben ein Spiel in einem Zaubergarten, dann bedeutete das Aussterben der Tiere eine grauenvolle Neuigkeit. Die schlimmste überhaupt. Sie wurde mit Gleichgültigkeit quittiert. Der Eisenbahner macht sich für den Eisenbahner stark. Der Mensch sorgt sich um den Menschen. Der Humanismus ist eine Gewerkschaftsbewegung wie jede andere.

Der Verfall der Welt ging mit der verzweifelten Hoffnung auf eine bessere Zukunft einher. Je stärker die Wirklichkeit verkam, desto lauter die messianischen Verwünschungen. Es bestand ein proportionales Verhältnis zwischen der Verwüstung des Lebendigen und der zweifachen Bewegung aus dem Vergessen der Vergangenheit und der Erwartungshaltung an die Zukunft.

«Morgen besser als heute» – der abscheuliche Slogan der Moderne. Die Politiker versprachen Reformen («Endlich die Veränderung», kläfften sie!), die Gläubigen erwarteten ein ewiges Leben, die Laboranten des Silicon Valley versprachen uns den augmentierten Menschen. Kurz: Man brauchte sich nur in Geduld zu üben, die Zukunft würde rosig sein. Immer dasselbe Lied: «Diese Welt ist im Eimer, sichern wir uns wenigstens die Notausgänge!» Ob Menschen der Wissenschaft, der Politik oder des Glaubens, alle drängten sie sich vor der kleinen Pforte der Hoffnungen. Andererseits war kaum jemand bereit, das uns Anvertraute zu bewahren.

Hier rief ein Barrikaden-Tribun zur Revolution auf, und seine Truppen stürmten mit der Spitzhacke herbei; dort sprach ein Prophet vom *Jenseits*, und seine Schäfchen warfen sich vor der Verheißung auf die Knie; ein Dr. Seltsam 2.0 zettelte schließlich die posthumane Mutation an, und seine Klienten vernarrten sich in technologische Fetische. Diese Menschen lebten wie auf glühenden Kohlen. Sie ertrugen ihre Daseinsbedingungen nicht und sehnten sich nach den Wohltaten des erweiterten Lebens, ohne dessen Form zu kennen. Es ist schwieriger, das bereits Gewährte zu verehren, als davon zu träumen, sich die Monde vom Himmel zu holen.

Die drei Instanzen – revolutionärer Glaube, messianische Hoffnung, technologisches Gestell – kaschierten hinter ihren Heilsversprechen eine tiefe Gleichgültigkeit gegenüber der Gegenwart. Ja, schlimmer noch: Sie ersparten uns ein anständiges Verhalten im Hier und Jetzt, sie entbanden uns von der Rücksichtnahme auf das, was noch intakt war.

Unterdessen Gletscherschmelze, Plastifizierung, Tiersterben.

«Von einer ‹andren› Welt als dieser zu fabeln hat gar keinen Sinn.» Ich hatte mir diesen Geistesblitz von Nietzsche in ein kleines Notizbuch geschrieben. Ich hätte ihn an den Eingang unserer Grotte ritzen können. Als Motto für die Täler.

Viele von uns, in den Grotten und in den Städten, wollten keine augmentierte, sondern eine für ihre gerechte Verteilung gefeierte Welt, Heimat ihres eigenen Ruhms. Ein Berg, ein lichtüberfluteter Himmel, jagende Wolken, ein Yak auf dem Kamm: Alles war da, zur Genüge. Was unsichtbar war, konnte jederzeit auftauchen. Und was nicht auftauchte, hatte sich zu verstecken gewusst. So das heidnische Einverständnis, der antike Gesang.

«Leo, lass mich mein Glaubensbekenntnis zusammenfassen», sagte ich.

«Ich höre», erwiderte er höflich.

«Verehren, was wir vor Augen haben. Nichts erwarten. Sich ausgiebig erinnern. Hoffnungen bewahren, Rauch über den Ruinen. Genießen, was sich darbietet. Nach den Symbolen suchen und die Poesie für stärker halten als den Glauben. Sich mit der Welt begnügen. Dafür kämpfen, dass sie bleibt.»

Leo, mit dem Fernrohr am Gebirge, war zu konzentriert, um mir richtig zuzuhören, und ich nutzte die Gelegenheit, ungestört fortzufahren.

«Die Meister der Hoffnung bezeichnen unser Einverständnis als ‹Resignation›. Sie täuschen sich. Es ist Liebe.»

Die letzte Erscheinung

Es war ein Kräftemessen: unsere Bewunderung gegen seine Gleichgültigkeit. Munier hatte richtig vermutet. Der Leopard hatte sich wieder auf dem anderen Hang eingefunden, dreihundert Meter von uns entfernt auf gleicher Höhe Richtung Osten. Gegen zehn Uhr entdeckten wir ihn im Fernrohr. Er döste auf einem Felsblock vor sich hin, hob den Kopf und sah zu seinem Yak hinüber. Vergewisserte er sich, dass sich die Geier nicht versammelt auf ihren Anteil stürzten? Dann reckte er den Kopf gen Himmel und vergrub ihn wieder im Fell. Er döste den ganzen Tag. Da er weit genug weg war, konnten wir uns unterhalten, die Zigarren anzünden und die Gaskocher betätigen, denn es tat nun einmal gut, in diesem Eisschrank ein Süppchen zu schlürfen. Alle paar Minuten kroch ich zu den Stativen und schaute begierig durch das Okular, um sein längliches Gesicht und seinen an die eigene Wärme geschmiegten Körper zu studieren. Dieser Anblick versetzte mir jedes Mal einen lustvollen Schock.

So war es, wenn der Blick sich der Gegenwart der wirklichen Dinge vergewisserte. An diesem Morgen war der Leopard weder ein Mythos noch eine Hoffnung, noch das Objekt einer Pascal'schen Wette. Er war einfach da. Seine Wirklichkeit war seine Überlegenheit.

Er kehrte nicht mehr zu seiner Beute zurück. Der Tag verstrich. Die harrende Reihe der Totenfresser (Aasgeier, Bartgeier, Raben) hielt sich nicht mit einer Begräbnisfeier auf. Hin und wieder ließ Munier über Funk etwas verlauten: «Im Westen ein Säger, über dem Felsbogen ein paar Alpenkrähen.» Wohin sein Blick fiel, sah er Tiere oder witterte ihre Anwesenheit. Und dank dieser Gabe – der Bildung eines kultivierten Passanten vergleichbar, der uns beim Flanieren durch die Stadt auf einen klassischen Säulengang, einen barocken Giebel oder einen neugotischen Anbau aufmerksam macht – vermochte Munier in eine stets illuminierte und üppige Geographie voller Bewohner zu wechseln, deren Existenz ein profanes Auge nicht einmal ahnte. Ich verstand, dass mein Gefährte zurückgezogen in den Vogesen lebte. Wie hätte er sich mit seinesgleichen unterhalten wollen, der die Fleischfresser in friedliche Herden einbrechen sah und wusste, weshalb die Raben schwebten? Bücher berührten ihn noch: «Als ich mit siebzehn die Schule verließ», hatte er mir einmal erzählt, «wollte ich nur in den Wald. Später habe ich nie mehr ein Schulbuch aufgeschlagen, aber ich habe alles von Jean Giono gelesen.»

Der Leopard ging mit dem Abend. Er erhob sich, schlich hinter einen Felsblock und trollte sich. In der Hoffnung auf seine Rückkehr biwakierten wir eine weitere Nacht in der Grotte. Am Morgen war er nicht bei dem Gerippe. Die Kälte würde den Yak noch lange konservieren, bevor ihn Schnäbel, Kiefer und Fangzähne gänzlich zerfetzen sollten. Sein Gewebe würde in andere Lebewesen eingehen und andere Jäger beglücken. Sterben heißt übergehen.

Die ewige Wiederkunft der ewigen
Wiederkunft

Wir bauten die Biwaks ab und kehrten alle vier, Munier, Leo, Marie und ich, an die tibetischen Feuerstellen zurück; wortlos, denn der Leopard beherrschte noch unsere Gedanken, und einen Tagtraum entzaubert man nicht durch Gerede.

Seit langem denke ich, dass die Landschaften unsere Glaubensvorstellungen prägen. Die Wüsten rufen nach einem strengen Gott, die griechischen Inseln lassen die Ideen sprudeln, die Städte wachsen allein aus Selbstliebe, die Dschungel schützen die Geister. Dass es weißen Patern gelungen war, sich ihren Gottglauben in Wäldern mit schreienden Papageien zu bewahren, erschien mir wie eine Meisterleistung.

Die eisigen Täler in Tibet machen jegliches Begehren zunichte und erfinden den großen Kreislauf. Weiter oben bestätigten die sturmgeplagten Hochebenen, dass die Welt eine Woge und das Leben ein Übergang war. Meine Seele war schon immer schwach und beeinflussbar. Ich passte mich den spirituellen Eigenheiten der jeweiligen Aufenthaltsorte an. Wenn man mich in einem jesidischen Dorf aussetzte, betete ich zur Sonne. Wurde ich in die Gangesebene katapultiert, hielt ich es mit Krishna («Sei gleichmütig in Leid und Freude»). In den bretonischen Monts d'Arrée träumte ich vom Ankou. Nur der Islam verfehlte jede Wirkung auf mich, für das Strafrecht hatte ich keinen Sinn.

Hier, in der dünnen Luft, schlüpfen die Seelen in provisorische Körper, um ihren Weg fortzusetzen. Seit meiner Ankunft in Tibet dachte ich über die aufeinanderfolgenden Leben der Tiere nach. Wenn der Leopard in unserem Tal eine wiederverkörperte Seele war, wo würde er dann nach all den Jahren des Blutbads Zuflucht finden? Welches andere Geschöpf wäre bereit, diese Bürde zu tragen? Wie würde es dem Kreislauf entkommen?

Der Geist der präadamitischen Zeiten durchdrang jeden, der einmal dem Blick des Leoparden begegnete. Die gleichen Augen hatten eine Welt betrachtet, in welcher der Mensch, um sein Überleben bangend, in kleinen Grüppchen gejagt hatte. Welche gefangene Seele verbarg die Unze unter ihrem Fell? Als sie mir ein paar Tage zuvor erschienen war, hatte ich das Gesicht meiner verstorbenen Mutter zu erkennen gemeint: hohe, von einem harten Blick gespaltene Wangenknochen. Meine Mutter kultivierte die Kunst des Verschwindens, eine Vorliebe für die Stille und eine als Autokratie geltende Unnachgiebigkeit. An jenem Tag war der Leopard für mich meine arme Mutter. Und diese Idee vom Kreislauf der Seelen in dem unermesslichen weltweiten Vorrat an lebendigem Fleisch, diese Idee, die im 6. Jahrhundert v. Chr. an weit voneinander entfernten Orten – in Griechenland und in der indonepalesischen Ebene – gleichzeitig von Pythagoras und von Buddha formuliert worden war, schien mir ein tröstendes Elixier.

Wir erreichten unsere Baracken. Wir tranken den Tee vor den Gesichtern der stillsitzenden Kinder im Schein der Flammen. Stille, Halbdunkel, Rauch: Tibet hielt Winterschlaf.

Die geteilte Quelle

Wir hatten zehn Tage in der Leopardenschlucht verbracht. Munier wollte nun aufbrechen, um die Quellen des Me- kong zu fotografieren. Wir fuhren einen Tag lang bis zu einem Lagerplatz von Viehzüchtern am Fuß einer Erhe- bung. Die Hochebene war ein gnadenlos von der Sonne beschienenes Steppenplateau. Gen Norden ragten ein paar weiße Gipfel auf. Das Ehepaar, dem die Yaks gehör- ten, überwinterte in einer überheizten Wellblechbaracke, eine Insel in der Leere. Hundert Yaks rupften die winter- schwachen Gräser aus der Steppe. Am nächsten Tag um vier Uhr morgens verabschiedeten wir uns vom Ofen und stapften einen schnurgeraden Weg entlang, bei dem es sich den Karten zufolge um den Mekong handeln musste. «Der Aufstieg dauert vier Stunden. Auf 5100 Meter Höhe befindet sich eine Talmulde mit der Quelle», hatte uns Tserin, der Yakhüter, gesagt. Das war er also, der Neun- Drachen-Strom: ein gefrorener Bach. Das Eis knirschte. Wir liefen auf Krokant, wie übervorsichtige Kurgäste auf einem vereisten Kanal in Baden-Baden. Wir stießen auf das Gerippe eines Yaks, das gerade von Aasfressern blank geputzt wurde. Die Vögel rissen das Fleisch in Stücke, flogen auf und schossen wieder hinab. Bisher hatte ich das Verschlingen der Toten mit Hinblick auf ihre Wiederverkörperung immer sehr eindrucksvoll gefunden. Doch diese geröteten Hälse, diese gefiederten Furien nahmen mir alle Lust, meinen Körper eines Tages den Geiern zum Fraß vorgeworfen zu wissen. Hat man diese Vögel in ihrem Blutrausch erlebt, findet man den Gedanken an ein kleines letztes Chrysanthemenbeet im Pariser Umland auf einmal sehr reizvoll.

Wir wanderten langsam flussaufwärts, und ich zwang mich, daran zu glauben: Es war der Mekong, der Tränen-Strom der Khmer, der Fluss der gelben Nostalgie, der 317. Sektion und des lebendigen Buddha, der grazilen Apsaras und der Lotusblüten! Ein mondfarbenes Bächlein, noch frei von Spucke.

Auf 5100 Meter Höhe fanden wir eine Stele mit chinesischen Schriftzeichen, die wahrscheinlich die Geburt des Flusses anzeigten.

Hier, in diesem felsigen Amphitheater, entsprang unter einem grauen Himmel das Alpha der Reiskultur. Auf seiner Länge von fast fünftausend Kilometern durchquerte der Mekong Tibet, China und Indochina bis zu jenem Delta, an dem die Duras einst ihren Liebhaber hatte. Zwischen privaten Abenteuern und öffentlichen Bauten würde das Wasser Zeuge unzähliger Tage und Taten werden. Es würde Schlachten geben. An der Quelle eines großen Stroms verbirgt sich die Frage des Orients: Warum muss sich jede Quelle verzweigen? Weshalb die Teilung?

Doch vorerst zementierte eine gefrorene Decke den Schotter: die Quelle, das Dào des Mekong, Nullpunkt, zukünftiger Roman. Sein Rinnen würde sich vereinheitlichen, sich einen Weg durchs Gebirge bahnen. Die milde Luft würde das Fließen befreien, das Wasser würde sich mit Leben füllen: zunächst mit Urtierchen, dann mit immer gefräßigeren Fischen. Der Strom würde anschwellen. Ein Fischer würde sein Netz auswerfen, eine Fabrik ihren Dreck hineinkippen, Dorfbewohner würden aus ihm trinken: Bei den Menschen endet alles in einem Müllschlucker. Auf geringerer Höhe würde Gerste wachsen. Noch tiefer in der Ebene wären es Tee, Weizen, endlich auch Reis, eines Tages dann Früchte an den Ästen. Büffel kämen zum Baden. Hin und wieder würde sich ein Leopard ein Kind aus dem Schilf schnappen. Man würde sich rasch wieder trösten, schließlich kamen viele zur Welt. Weiter unten würden Frauen täglich ein bereits mit Bakterien belastetes Wasser schöpfen, allmählich würde das Flussbett kanalisiert. Die Haut würde dunkler. Die Mädchen würden orangefarbene Laken an den steinernen Ufern trocknen, Jugendliche von kleinen Türmen springen, dann würde sich die Strömung verlangsamen, die Windungen würden zu Schwemmland werden, der Strom würde seinen Deich nach oben verlegen, der Horizont würde sich öffnen und den Blick auf die von den Kraftwerken am Oberlauf erleuchtete Bewässerungsebene freigeben. An den Markttagen überall Boote dicht an dicht, zwischen halb verkohlten Kadavern würden Schlangen schwimmen, und Staaten würden sich um die zu Grenzen gewordenen Ufer streiten. Patrouillen würden die Schlepper abfangen. Die Geschäfte würden weiter ihren Gang nehmen, und endlich würde sich das Wasser ins Meer ergießen. Blassweiße Touristen würden in den Wellen schwimmen. Wussten sie wenigstens, dass eines fernen Tages die Leoparden dieses Wasser aufgeschlabbert hatten, damals, als es noch dem Himmel angehörte?

Dies Geschick nahm hier seinen Anfang. Auch die von Munier aufgespürten Tiere waren einer Quelle entsprungen. Sie hatten sich geteilt. Der Schneeleopard entstammte einer fünf Millionen Jahre alten Verzweigung. Wenn das Leben auf Erden mit einem Strom vergleichbar war, dann hatte es seine Quelle, sein Flussbett und seine Altarme gehabt. Sein Lauf war noch nicht ans Ende gelangt, niemand kannte das Delta. Wir Menschen entstammten einer erst kürzlich erfolgten Unterverzweigung. Auf den Bildtafeln in den Biologiebüchern meiner Kindheit wurden die Verästelungen der Evolution graphisch wie Flussmündungen dargestellt. Keine Quelle weiß, wozu sie imstande ist.

Wir blieben eine Stunde lang auf dem Schotter. Dann schlitterten wir wieder abwärts. Munier hielt Ausschau nach einem Tier. Eine leere Landschaft war für ihn wie ein Grab. Zum Glück wälzte sich auf 4800 Höhenmetern ein Wolf im Firnschnee. Munier war zufrieden.

Im Lager, wo wir von der Begegnung mit dem Wolf be-

richteten, schilderte uns der Hirte die alljährlichen Besuche: ein oder zwei Leoparden im Winter und jeden Tag
ein paar Wölfe. Während er erzählte, beheizte er den Ofen
so kräftig, dass wir einschliefen. Der Schlaf nahm die Vi-
sion der Quelle mit sich.

In der Ursuppe

Über Kuppen und Berge, nie unter 4000 Höhenmetern, ging es zurück nach Yushu. Bei Einbruch der Dunkelheit befanden wir uns auf einem Weg zu heißen Quellen in den Steilfelsen. Vor den Scheinwerfern liefen zwei Wölfe quer. Der Lichtkegel erleuchtete ihr safrangelbes Fell – Blitze in der Nacht. Munier stürzte aus dem Auto. Der Anblick zweier Strolche in der Dunkelheit, die einem Überfall entgegentrotteten, konnte meinen Freund noch immer begeistern. Zur Aufnahme des Raubtiergeruchs sog er tief die kalte Luft ein. Er hatte Hunderte von Wölfen gesehen, in Äthiopien, in Europa, in Amerika. Er hatte noch nicht genug.

«Wenn ein Mensch vorbeigeht, steigst du nicht aus dem Auto», bemerkte ich.

«Der Mensch kommt wieder. Der Wolf eher selten.»

«Der Mensch ist dem Menschen ein Wolf», sagte ich.

«Schön wär's», sagte er.

Wir hatten die Wasserbecken erreicht. Um zehn Uhr abends bauten wir unser Lager an der Rückseite eines Steilhanges auf, bei −25 °C, dann plätscherten Marie, Munier und ich vom Dunst verhüllt im heißen Wasser. Leo bewachte das weiter oben gelegene Lager in den Windböen. Das Wasser sprudelte unter einem Felsvorsprung hervor. Man musste unter den Überhang schlüpfen. Munier kannte die Stelle, er war bereits im Vorjahr wie ein Japanmakak hier herumgetollt. Er erzählte uns von den Affen in den heißen Quellen von Nagano, wie der Dampf ihre roten Schnauzen trübte und ihr Fell mit Stalaktiten spickte.

Doch an diesem Abend sahen wir aus wie russische Apparatschiks, die in der Sauna über die Geldmittel der Region verhandelten. Wir hatten unsere in Aluminiumröhrchen aufbewahrten kubanischen Zigarren angezündet (Epikur Nr. 2). Die Konsistenz unserer Haut ähnelte allmählich Froschbäuchen und die unserer Havannas entsprach Marshmallows. Die Sterne zitterten.

«Wir plätschern im Urschlamm. Wir sind die Bakterien des Weltanfangs», sagte ich.

«Aber eindeutig besser dran», erwiderte Marie.

«Die Bakterien hätten eigentlich nie aus dem Kessel herausgedurft», gab Munier zu bedenken.

«Dann hätten wir aber auf Beethovens Tripelkonzert verzichten müssen», sagte ich.

Die im Gewölbe inkrustierten Fossilien stammten nicht vom Weltanfang. Sie verkörperten eine relativ junge Episode des Abenteuers. Vor viereinhalb Milliarden

Jahren war aus einer Mischung von Wasser, Materie und Gas Leben entstanden. Das *bios* hatte seine Angebote in sämtliche Zwischenräume ausgestreut und, ohne offenkundigen Zusammenhang (abgesehen vom Willen zur Fortpflanzung), die Flechten, den Finnwal und uns Menschen hervorgebracht.

Der Qualm unserer Zigarren streichelte die Fossilien. Ich kannte ihre Namen aus meiner Kindheit, weil ich sie im Alter von acht bis zwölf Jahren gesammelt hatte. Ich sagte sie laut vor mich hin, die wissenschaftliche Aufzählung ergab ein Gedicht: Ammoniten, Crinoiden, Trilobiten. Diese Geschöpfe waren über fünfhundert Millionen Jahre alt. Sie hatten geherrscht, hatten die dazugehörigen Sorgen: sich zu verteidigen, sich zu ernähren, ihren Fortbestand zu sichern. Sie waren winzig und fern. Es gab sie nicht mehr, und wir Menschen, die wir (erst seit kurzem und für ungewisse Zeit) über die Erde herrschten, schenkten ihnen keine Beachtung. Dabei stellte ihr Leben eine Etappe auf dem Weg zu unserer Thronbesteigung dar. Plötzlich hatten sich ein paar Wesen aus dem Bad befreit. Manche, die unternehmungslustigsten, waren an ein Ufer geklettert. Sie hatten tief Luft geholt. Und diesem Atemschöpfen verdankten wir unsere Existenz: Menschen und Tiere der freien Luft.

Unser Bad hier zu verlassen war nicht der angenehmste Moment meines Lebens. Ich musste splitternackt über die lauwarmen Algen tapsen, in meine chinesischen Stiefel steigen, in die riesige kanadische Jacke schlüpfen und bei −20 °C zu den Zelten zurückkehren.

Kurzum, aus der Suppe klettern, durch die Nacht krie-
chen, sich einen Unterschlupf suchen: die Geschichte des
Lebens.

Vielleicht zurückkehren!

Am folgenden Tag fuhren wir über die Hochebene nach Yushu. Unser Fahrer raste über die Wegstrecke und murmelte Gebete vor sich hin, in denen von Lotus die Rede war. Er schien es eilig zu haben, zurückzukehren, vielleicht auch zu sterben. Das Gemurmel lullte mich ein, und in einer Art Nachahmungseffekt summte ich Heraklits *panta rhei*, alles bewegt sich, alles fließt, alles vergeht. In meiner Version wurde daraus der Psalm: «Alles stirbt, alles wird wiedergeboren, alles kehrt zurück, um zu vergehen, alles speist sich aus sich selbst.» Wir näherten uns der Stadt. Schon begegneten wir ersten Bettlern in Lumpen, die auf den Knien zum Tempel rutschten. Sie dachten wie Heraklit, konnten dem allgemeinen Fließen allerdings nicht so viel abgewinnen. Sie versuchten, sich Gratifikationen zu sichern, um nicht als Hund oder, schlimmer noch, als Tourist wiedergeboren zu werden. Sie wollten diesem ewigen Neubeginn entgehen. Pausenlos unterwegs zu sein war ihr Fluch. Der Fahrer verlangsamte bewusst das Tempo, als er auf ihrer Höhe war: Er wollte seinen Vergehen nicht noch ein weiteres hinzufügen, indem er einen Pilger überfuhr. Durch die Scheibe betrachtete ich die Scharen. Unsere technisierte Epoche war tierhaft, sprich: mobil geworden. Zu Beginn des 21. Jahrhunderts hat das vorherrschende Denken der westlichen Welt die Beweglichkeit der Menschen, den Warenverkehr, die Kapitalfluktuation und den Ideenumlauf zu Tugenden erhoben. «Raus mit euch!», befahlen uns die Instanzen des planetarischen Kreisverkehrs. Bis dato waren die Zivilisationen nach dem Prinzip der Pflanzen langsam herangereift. Es galt, sich in den Jahrhunderten zu verwurzeln, die Nährstoffe aus dem Boden zu ziehen, sich auf Pfeiler zu stützen, sich unter einer unveränderlichen Sonne immer weiter auszudehnen und sich dabei mit den geeigneten Dornen gegen die Nachbarpflanze zu wappnen. Die Bedingungen hatten sich geändert, inzwischen galt es, permanent über die globalen Savannen zu hetzen. «Vorwärts, Menschen der Erde! Nur immer weiter! Viel gibt es nicht mehr zu sehen!»

Beim Überqueren des letzten Gebirgspasses vor Yushu versagten die Bremsen. Der Fahrer meisterte die Kurven mit der Handbremse und erhöhte die Frequenz seiner Mantras. In einem kuriosen, ebenso buddhistischen wie morbiden Reflex drückte unser Fahrer, kaum hatte er begriffen, dass die Bremsen nicht mehr mitmachten, aufs Gaspedal. Und unter dem glücklichen Einfluss seines Fatalismus konnte ich diesem Verhalten sogar eine gewisse Logik abgewinnen. Was machte es schon, an einem so klaren Morgen zu enden! Die Berge glitzerten, die Tiere herrschten über die Kämme, und unser Unfall würde an der Verbreitung der letzten Leoparden nicht das Geringste ändern.

Der Trost der Wildnis

Wäre ich wirklich bitter enttäuscht gewesen, wenn ich dem Leoparden nicht begegnet wäre? Drei Wochen im Ozon hatten nicht genügt, den kartesischen Europäer in mir abzutöten. Noch immer war mir die Verwirklichung der Träume lieber als die Erstarrung der Hoffnung.

Bei einem Misserfolg hätten mich die auf der Hochebene Tibets oder im Glutofen des Ganges erhitzten orientalischen Philosophien mit ihrer Übung des Verzichts getröstet. Wenn der Leopard nicht erschienen wäre, hätte ich mich über seine Abwesenheit gefreut. Frei nach der fatalistischen Methode von Peter Matthiessen, der aus der Tatsache, dass er sich stets entzog, die Vergeblichkeit der Dinge ableitete. Wie der Fuchs bei La Fontaine: Er verachtet die Trauben, als er begreift, wie unerreichbar sie bleiben.

Ich hätte mich der Gottheit aus der *Bhagavad Gita* anvertrauen und Krishnas Weisung an Arjuna folgen können: gleichermaßen unberührt von Erfolg und von Misserfolg sein. «Der Leopard steht vor dir, freu dich also, und wenn er nicht da ist, freu dich ebenso», hätte er mir zugeflüstert. Ein wahres Opium, diese *Bhagavad Gita*, und wie recht Krishna doch hatte, die Welt zu einer restlos flachen, vom Wind des Seelengleichmuts – ein anderes Wort für Schlaf – gepeitschten Ebene zu machen!

Oder ich wäre zum Dào zurückgekehrt. Hätte Abwesenheit und Anwesenheit als gleichwertig erachtet. Den Leoparden nicht zu sehen wäre für mich eine Art des Sehens gewesen.

Als letzten Ausweg hätte es Buddha gegeben. Der Prinz der Gärten offenbarte, dass nichts so schmerzhaft sei wie die Erwartung. Ich hätte mich nur von dem Wunsch befreien müssen, ein Tier beim Tollen in den Felsen zu überraschen.

Asien – das unerschöpfliche moralische Arzneibuch. Auch der Westen hatte seine Heilmittel. Das eine war christlichen Ursprungs, das andere zeitgenössischer Prägung. Die Katholiken kamen mit einer halbnarzisstischen, halbchristlichen Taktik über das Leid hinweg. Sie bestand darin, sich zu der eigenen Enttäuschung zu beglückwünschen: «Herr, ich bin nicht würdig, dass der Leopard eingeht in meinen Blick, Dank sei dir, mir die Nichtigkeit dieser Begegnung erspart zu haben.» Der moderne Mensch verfügte über ein probates Viatikum: die Gegenklage. Man musste sich nur als Opfer betrachten, wollte man auf das Eingeständnis seines Scheiterns verzichten. Ich hätte mich demnach wie folgt beschweren können: «Munier hat seine Lauer an der falschen Stelle aufgebaut,

Marie war zu laut, meine Eltern haben mich kurzsichtig gemacht! Und außerdem haben die Reichen die Leoparden abgeknallt, ich Armer!» Nach Schuldigen zu suchen beschäftigte uns und ersparte uns die Introspektion.

Doch ich brauchte keinen Trost, ich war dem schönen Gesicht des Felsengeistes begegnet. Unter meinen Lidern lebte sein Bild in mir fort. Sobald ich die Augen schloss, sah ich sein hochmütiges Katzengesicht, die faltigen Züge um seine feine, gefährliche Schnauze. Ich hatte den Leoparden gesehen und das Feuer gestohlen. In mir trug ich die Glut.

Ich hatte gelernt, dass die Geduld eine höchste Tugend war, die eleganteste und meistvergessene. Sie half dabei, die Welt zu lieben, statt sie verändern zu wollen. Sie lud dazu ein, sich vor die Bühne zu setzen, die Vorstellung zu genießen – und sei es nur ein zitterndes Blatt. Die Geduld war die Verneigung des Menschen vor dem Gegebenen.

Was brauchte es, um ein Gemälde zu malen, eine Sonate zu komponieren oder ein Gedicht zu schreiben? Geduld. Sie hielt immer ihre Belohnung bereit, umfasste im gleichen Zuge das Risiko der Langeweile und das Rezept zu ihrer Überwindung.

Warten war ein Gebet. Etwas kam. Und wenn nichts kam, hatten wir nicht hinzusehen gewusst.

Die erdabgewandte Seite

Die Welt war ein Schmuckkästchen. Juwelen gab es kaum noch, der Mensch hatte sich den Schatz unter den Nagel gerissen. Manchmal hielt man noch einen Brillanten in der Hand. Dann funkelte die Erde auf. Das Herz schlug schneller, der Geist war um eine Vorstellung reicher.

Die Tiere waren faszinierend, weil unsichtbar. Ich machte mir keine Illusionen: Ihr Geheimnis ließ sich nicht ergründen. Sie gehörten den Anfängen an, von denen die Biologie uns entfernt hatte. Unsere Menschheit hatte ihnen den totalen Krieg erklärt. Die Ausrottung war fast abgeschlossen. Wir hatten ihnen nichts zu sagen, sie zogen sich zurück. Wir hatten triumphiert, bald wären wir Menschen allein und müssten uns fragen, wie wir so gründlich hatten aufräumen können.

Munier hatte mich hinter einen Zipfel des Schleiers lugen und die umherstreunenden Fürsten der Erde beobachten lassen. Die letzten Leoparden, Tschirus und Asiatischen Esel überlebten als Gejagte, waren gezwungen, sich zu verbergen. Einen von ihnen zu sichten bedeutete, eine grandiose verschwundene Ordnung zu erblicken: den alten Pakt zwischen Tieren und Menschen – Erstere gingen ihrem Überleben nach, Letztere schrieben ihre Gedichte und erfanden Götter. Aus unerklärlichen Gründen sehnten Munier und ich uns nach dieser früheren Verbundenheit. «Düstere Treue zu den gefallenen Dingen».

Die Erde war einst ein überwältigendes Museum.

Leider war der Mensch kein Konservator.

Die Lauer verlangt es, seine Seele in Atem zu halten. Diese Übung hatte mir ein Geheimnis erschlossen: Es lohnt sich immer, die eigene Empfangsfrequenz besser einzustellen. Noch nie war ich so geschärften sensorischen Schwingungen ausgesetzt gewesen wie in jenen tibetischen Wochen. Wieder zu Hause, würde ich auch weiterhin eingehend die Welt betrachten und ihre Schattenzonen ausleuchten. Auch wenn nicht mit einem Leoparden zu rechnen wäre. Die Lauer ist eine Maxime. Das Leben verstreicht nicht einfach so. Man kann unter der Linde vor seinem Haus auf der Lauer liegen, unter den Wolken am Himmel und sogar am Tisch seiner Freunde. In dieser Welt gibt es mehr Erscheinungen, als man denkt.

Das Flugzeug, dieses Großfahrzeug, brachte uns morgens nach Chengdu. Leo las. Marie sah unverwandt zu Munier, der seinerseits aus dem Fenster schaute. Liebe bedeutete also nicht, «in die gleiche Richtung» zu sehen. Marie dachte an die Zukunft, Munier verabschiedete sich von den Leoparden. Ich erinnerte mich an meine abwesenden Geliebten. Bei jeder Erscheinung des Leoparden hatten sie mir ein Stück von sich selbst geschenkt.

Chengdu, fünfzehn Millionen Einwohner, bei den Europäern unbekannt. Für die Chinesen eine Kleinstadt. Für uns eine Samenmatrix im Sinne der Albträume von Philip K. Dick – mit leuchtenden Glühbirnen in Gassen, wo sich in Pfützen die an den Verkaufsständen hängenden Fleischstücke spiegeln.

Um Mitternacht liefen wir in einer ruhigen homogenen Menschenmenge, die langsam weiterwogte. Ein seltsamer Anblick für mich, den französischen Kleinbürger: eine zivile, einheitliche Menschenmenge marschierte im Gleichschritt, ohne martialisches Training, ohne dass es ihr jemand befohlen hätte.

Morgen wären wir wieder in Paris. Vorerst galt es, irgendwie die Nacht herumzubringen. Wir entschieden uns für einen Park in der Innenstadt. Munier rief:

«Da oben!»

Eine Schleiereule floh in dieselbe Richtung, die Flügel von den Lichtkegeln getroffen. Selbst hier folgte Munier den Signalen der Wildnis. Die Vertrautheit eines Menschen mit der Tierwelt macht den Aufenthalt auf den urbanen Friedhöfen erträglich. Ich erzählte Leo und Marie die Geschichte eines polynesischen Schiffbrüchigen, Tavae, der monatelang in einem Boot auf dem Pazifik getrieben war, tagtäglich das in einem Eimer gesammelte Plankton betrachtet und sich mit den Protozoen sogar unterhalten hatte. Diese Übung hatte dem Schiffbrüchigen das Zwiegespräch mit sich selbst, mit anderen Worten die Depression, erspart.

Ein Tier zu beobachten bedeutete, das Auge an ein magisches Guckloch zu pressen. Hinter der Tür die Hinterwelten. Kein Wort könnte sie übersetzen, kein Pinsel sie malen. Nur ein Glitzern. William Blake in *Sprichwörter der Hölle*: «Wie willst du wissen, ob nicht jeder Vogel, der den Luftweg durchschneidet, eine ungeheure Welt des Entzückens ist, verschlossen deinen fünf Sinnen?» Doch, William! Munier und ich verstanden, dass wir nichts verstanden. Allein das stimmte uns froh.

Manchmal brauchte man die Tiere nicht einmal zu sehen. Die bloße Erwähnung ihrer Existenz war Balsam genug. Die Deportierten in den Todeslagern hatten sich mit Beschreibungen von Elefantenattacken in der afrikanischen Savanne gegenseitig Mut zugesprochen, so erzählt es Romain Gary am Anfang von *Die Wurzeln des Himmels*.

Wir erreichten den Park. Der Rummel war in vollem Gange. Karussells wirbelten durch die Luft, Lautsprecher wummerten, fettige Dampfschwaden waberten um das Geflackere. Das wäre selbst Pinocchio zu viel gewesen. Die Leuchttafeln machten auch für die Partei Propaganda. Das chinesische Volk hatte auf beiden Seiten verloren. In politischer Hinsicht war es dem kommunistischen Zwang ausgesetzt, in wirtschaftlicher Hinsicht überschlug es sich in der kapitalistischen Wäschetrommel. Es war der doppelköpfige Dumme der modernen Farce, Hammer und Algorithmus auf der Flagge.

Wo war in einer Laserwelt noch Platz für die Eulen? Wie sollten die Leoparden bei dem weltweiten Hass auf die Einsamkeit und Stille, den letzten Freuden der Unglücklichen, jemals zurückkommen?

Doch warum eigentlich diese Ängste? Es gab doch noch so wunderbare Fahrgeschäfte, und es gab Eiscreme. Worüber sollte man sich beklagen? Der Jahrmarkt ging weiter, warum nicht einfach mitmachen; was zählten schon die Tiere, wenn man nur seinen Spaß hatte?

Munier flehte uns an, den Park zu verlassen. Dieser Karneval ging ihm auf die Nerven – dabei waren seine aus Stahl. Am Ausgang schließlich deutete er auf den Himmel: «Guckt mal, der Mond!» Es war Vollmond. «Das ist das letzte Stück Wildnis in Sichtweite. Im Park konnten wir ihn wegen der Lichterketten nicht sehen.»

Er wusste nicht, dass die Chinesen ein Jahr später einen Roboter auf die erdabgewandte Seite des Mondes schicken sollten.

Wir waren fertig mit der Erde.

Jetzt würde das Universum den Menschen kennenlernen.

Der Schatten dehnte sich aus.

Lebt wohl, Leoparden!

Die Fotografien der tibetischen Fauna, die Vincent Munier während seiner vielen Aufenthalte in der tibetischen Hochebene gemacht hat, sind 2019 in dem Bildband *Zwischen Fels und Eis* im Knesebeck Verlag erschienen (mit Gedichten von Sylvain Tesson).

Inhaltsverzeichnis

Zitathinweise

Seite 7: ARISTOTELES, *Historia animalium*. Übersetzt von Stefan Schnieders, Buch IX, Kapitel 1, 608 a, 33 ff.

Seite 39: Originalzitat in: ERNEST RENAN, *Prière sur l'Acrople*, in: Souvenir d'enfance et de jeunesse, Paris 1983, hier übersetzt von ND.

Seite 40: Originalzitat in: EUGÈNE LABICHE, *Les vivacités du capitaine Tic*, in: Théâtre complet, Bd. 2, Paris 1892, S. 401–511, hier übersetzt von ND.

Seite 46: Originalzitat in: JEAN BAUDRILLARD, *Préface au catalogue de l'exposition de Charles Matton au Palais de Tokyo*, 1987, hier übersetzt von ND.

Seite 58: NOVALIS, *Vermischte Bemerkungen*, in: Werke, Tagebücher und Briefe Friedrich von Hardenbergs, Hg. H.-J. Mähl, R. Samuel, Bd. 2, Darmstadt 1987, S. 226.

Seite 58: ERNST JÜNGER, *Die Hütte im Weinberg*, in: Strahlungen II, München 1988, S. 440.

Seite 85: FRIEDRICH HÖLDERLIN, *«In lieblicher Bläue»*, in: Gedichte, Hyperion, Briefe, Berlin und Weimar 1991, S. 125.

Seite 110: PLINIUS D. Ä., *Naturgeschichte*. Übersetzt von Johann Daniel, Bd. 1, Buch 8, Rostock und Greifswald 1764.

Seite 111: ALEXANDRE DUMAS, *Die drei Musketiere*. Übersetzt von August Zoller, Stuttgart 1844, S. 467.

Seite 116: MARTIN HEIDEGGER, *Bemerkungen zu Kunst – Plastik – Raum*, Hg. Hermann Heidegger, Sankt Gallen 1996, S. 8.

Seite 125 f.: JULES RENARD, *Naturgeschichten*. Übersetzt von Kuno Weber, Zürich 1960, S. 122; S. 148; S. 102.

Seite 130: JEAN RACINE, *Bérénice*, Akt V, Szene 7.

Seite 133: MARCEL PROUST, *Auf der Suche nach der verlorenen Zeit*. Übersetzt von Bernd Fischer, Stuttgart 2017, S. 148.

Seite 142: Originalzitat in: JACQUES CHARDONNE, *Le Ciel dans la fenêtre*, Paris 1959, hier übersetzt von ND.

Seite 143 f.: FRIEDRICH NIETZSCHE, *Menschliches, Allzumensch-liches I und II*. Kritische Studienausgabe in 15 Bdn., Bd. 2, Hg. Giorgio Colli, Mazzino Montinari, München 1986, S. 14.

Seite 149: BLAISE PASCAL, *Gedanken*. Übersetzt von Romano Guardini, Leipzig o. J., Nr. 178, S. 73.

Seite 152: Originalzitat in: YLIPE (Philippe Labarthe), *Textes sans paroles*, Paris 2001, hier übersetzt von ND.

Seite 154: PIERRE DRIEU LA ROCHELLE, *Geheimer Bericht*, Berlin 1986, vergriffen, hier übersetzt von ND.

Seite 157: GÉRARD DE NERVAL, *Aurélia*. Übersetzt von Alfred Wolkenstein, München 1921, S. 6.

Seite 160: FRIEDRICH NIETZSCHE, *Die Vernunft in der Philosophie*, in: Götzen-Dämmerung. Kritische Studienausgabe, a. a. O., Bd. 6, S. 78.

Seite 184: Originalzitat in: VICTOR HUGO, *Les Châtiments*, Paris 2018, hier übersetzt von ND.

Seite 186: WILLIAM BLAKE, *Sprichwörter der Hölle*, in: Zwischen Feuer und Feuer. Poetische Werke. Übersetzt von Thomas Eichhorn, München 1996, S. 219.

»In einer seltsamen optischen Täuschung
scheint die ganze Landschaft in seinem Körper aufzugehen.
Es ist nicht mehr der Leopard, der sich in der Landschaft tarnt,
sondern die Welt, die mit ihm eins geworden ist.«

Sylvain Tesson

Vincent Munier begibt sich in der majestätischen Bergwelt
Tibets auf die Spuren der letzten Schneeleoparden.
Auf seiner beschwerlichen wie abenteuerlichen Reise begleitet
ihn der erfolgreiche Autor Sylvain Tesson, dessen
poetische Texte die Bilder des legendären Naturfotografen
Munier kongenial ergänzen.

———

Vincent Munier, Sylvain Tesson ZWISCHEN FELS UND EIS
Auf den Spuren der letzten Schneeleoparden in Tibet
Übersetzt von Nicola Denis
30 × 24 cm, zwei Bände in exzellenter Druckqualität im Kartonschuber
€ 79,–
978-3-95728-319-1

KNESEBECK
Das besondere Buch

www.knesebeck-verlag.de